AF619434

TRAITÉ
DE LA CARIE
OU BLED NOIR,

Dans lequel on prouve, par une ſuite d'Expériences & par l'Analyſe Chimique, que la Chaux eſt le principal remède pour détruire cette Maladie.

PAR M. LAPOSTOLLE, Apothicaire du Roi, Membre de l'Académie des Sciences, Belles-Lettres & Arts d'Amiens, Profeſſeur de Chimie au Jardin du Roi, Profeſſeur & Démonſtrateur du Cours de Meunerie & de Boulangerie.

A AMIENS,
De l'Imprimerie de J. BAPT. CARON l'aîné, Imprimeur du Roi & de l'Académie, Place de Périgord.

M. D. C. C. LXXXVII.

SOUS LE PRIVILEGE DE L'ACADÉMIE.

A MONSEIGNEUR
LE COMTE D'AGAY,
INTENDANT
DE LA PROVINCE
DE PICARDIE,

MONSEIGNEUR,

L'Ouvrage que je prends la liberté de vous offrir, a bien des titres pour que vous daigniez en agréer l'hommage. Entrepris par vos ordres, pour constater l'efficacité des moyens indiqués par les Auteurs qui ont concouru, en mil sept cent quatre-vingt-six, au Prix proposé par l'Académie, dont vous avez fait les fonds, il contient 1°. les Observations suivies que j'ai entreprises sur les différentes méthodes de préparer les Grains, afin de les préserver de la Carie; 2°. l'Analyse chimique de ce qui constitue cette Carie; 3°. la comparaison de ce Bled altéré avec celui qui est sain; & doit servir d'introduction aux Leçons que vous m'avez chargé de faire, tous les ans, sur la Meunerie & la Boulangerie. Ainsi après avoir appris à cette Province, comment on doit s'y prendre pour extraire des Grains toute la farine qu'ils contiennent, & la meilleure maniere de fa-

briquer un Pain agréable & sain, votre Bienfaisance vous a porté à lui fournir encore les moyens de mettre ses Moissons à l'abri du fléau le plus destructeur. Puisse mon travail avoir rempli vos vues, & puissai-je par mon zele mériter votre bienveillance.

Je suis avec un profond respect,

MONSEIGNEUR,

Votre très-humble & très-obéissant Serviteur
LAPOSTOLLE.

TRAITÉ DE LA CARIE OU BLED NOIR,

DANS lequel on prouve, par une ſuite d'Expériences & par l'Analyſe Chimique, que la Chaux eſt le principal remede pour détruire cette Maladie.

INTRODUCTION.

Idée générale de l'Ouvrage.

SI le but principal de la Chimie eſt de faire ſervir toutes les Productions de la nature aux beſoins & à l'agrément de la Société, peut-on implorer ſon ſecours dans une circonſtance plus importante que celle où les Productions de premiere néceſſité éprouvent une altération qui s'accroît de maniere à inſpirer pour la ſuite les plus juſtes allarmes ? Et pourquoi a-t-il fallu que le mal ſoit au comble pour rendre les Chimiſtes attentifs ſur les ravages exercés depuis ſi long-temps par la Carie, ce fléau deſtructeur qui anéantit chaque année la plus grande partie de nos Moiſſons ? Ne cherchons pas d'autre cauſe de leur inſouciance ſur un objet auſſi important par lui-même, que les recherches minutieuſes qu'il exigeoit, que les travaux longs & pénibles auxquels il falloit s'aſſujettir. Ici rien d'attrayant, rien de ſéduiſant ; aucune hypotheſe brillante, aucune expérience qui pût amuſer les oiſifs, aucun ſyſtême qui tendît à détruire les opinions déja reçues. Il falloit s'élever contre des préjugés accrus par l'autorité de pluſieurs ſiecles ; il falloit lutter contre l'opinion des Gens de Campagnes ; il falloit leur perſuader de faire des eſſais ; & ne ſait-on pas combien ils ſont attachés à leur routine ? D'ailleurs une premiere Expérience qui n'auroit pas eu tout le ſuccès qu'ils s'en ſeroient promis, auroit ſuffi pour les faire renoncer à de nouvelles tentatives. Il falloit donc oser combattre les préjugés, l'ignorance & l'entêtement des Culvateurs, qui tantôt attribuent les pertes qu'ils n'éprouvent que trop souvent, ou à des inattentions de leur part de semer leur Grain, quand la lune est dans tel quartier ou que le vent souffle de tel côté; tantôt se persuadent que la Carie est un vice habituel & nécessaire de la végétation; tantôt tournent en ridicule les précautions sages qu'ils voient prendre par leurs voisins, pour prévenir & éviter un pareil malheur, & poussent la stupidité jusqu'à rejetter ces pratiques, quoiqu'ils aient vu avec envie, les succès dont elles étoient couronnées.

Chargé par un Magistrat, cher à cette Province, au bonheur de laquelle il se consacre tout entier, de faire annuellement un Cours de Meunerie & de Boulangerie, je devois m'occuper des causes qui rendent le Pain de mauvaise qualité : j'ai reconnu bientôt dans ce travail, qu'une des principales étoit la Carie : j'ai parcouru tous les Ouvrages qui ont été publiés sur cette matiere; j'ai vérifié les différentes recettes données en différens temps; j'ai cru devoir faire de nouveaux essais, ajouter ou retrancher aux procédés connus; & en annonçant que le succès a passé mon attente, je me fais un devoir d'avouer publiquement que je dois infiniment au zele & à la vigilance de plusieurs Cultivateurs instruits de cette Province, qui ont bien voulu se prêter à mes essais, & m'aider de leurs conseils & de leurs lumieres.

Ce premier travail ne pouvoit acquérir la force d'une démonstration complete, qu'autant qu'il seroit confirmé par l'Analyse chimique. Depuis long-temps je desirois le voir entreprendre par quelques-uns de nos grands Maîtres, lorsque la Société Royale d'Agriculture m'engagea de m'y livrer. Ces recherches étoient liées trop intimement avec celles que je suivois depuis six ans, pour que je ne saisisse point cette occasion de répondre à la confiance honorable que vouloit bien m'accorder un Corps, dont les travaux ont déja rendu des services si importans à l'Agriculture, & qui me mettoient en même temps à portée de prouver au Magistrat qui m'honore de sa confiance, que l'unique but de mes travaux eſt de remplir ſes vues. Les conſéquences qui ſe déduiſent naturellement des diverſes Expériences que nous avons faites ſur la Carie & ſes produits, ſont ſi frappantes & détruiſent d'une maniere ſi victorieuſe toutes les anciennes erreurs ſur cette matiere, que nous aurions bien déſiré pouvoir publier ce travail aſſez-tôt pour que les Cultivateurs éclairés & convaincus par nos obſervations, aient, dès cet inſtant, abandonné leur routine, pour pratiquer les procédés ſimples, faciles & peu diſpendieux que nous leur propoſons : mais les recherches infinies auxquelles nous avons été obligés de nous livrer, les Expériences que nous avons voulu répéter pluſieurs fois, dans la crainte de nous tromper ſur les réſultats, nous ont forcé d'en retarder la publication juſqu'à ce moment; & nous nous croirons ſuffiſamment payés de nos peines, ſi nous venons à bout de perſuader les Agriculteurs de ſuivre une méthode qui préſervera à l'avenir leurs Moiſſons du fléau le plus deſtructeur.

CHAPITRE PREMIER.

Des Maladies des Bleds en général.

DE tous les végétaux, le Bled eſt celui qui a mérité le plus particuliérement l'attention de tous les hommes, puiſqu'il leur fournit l'aliment le plus ſalubre. Mais plus il leur eſt néceſſaire, plus il exige de ſoin dans ſa culture, ſoit pour perfectionner ſa qualité, ſoit pour le préſerver des différentes maladies auxquelles il eſt ſujet. Ces maladies peuvent ſe diſtinguer en général, en celles qui l'attaquent pendant le temps qu'il eſt ſur la terre, & en celles qui l'infectent lorſque renfermé dans nos greniers, nous le conſervons pour le faire ſervir à nos beſoins journaliers. S'il s'agiſſoit ici d'un Traité complet d'Agriculture, nous nous étendrions ſur chacune de ces maladies, & nous développerions tous les moyens de l'en préſerver. Mais comme d'un autre côté cet Ouvrage eſt deſtiné pour les Cultivateurs qui n'ont point le temps de feuilleter tous les excellens Ouvrages d'Agriculture qui ont été publiés ſur cette matiere, nous croyons leur rendre ſervice en leur en offrant ici un tableau très-racourci, où nous préſenterons en deux mots ce qu'on en a dit; & ſi nous nous étendons davantage ſur la Carie que ſur toutes les autres maladies, c'eſt que nous la regardons comme la plus terrible: auſſi nous en examinerons les caractères, nous verrons comment elle ſe propage, & nous indiquerons les moyens les plus sûrs pour en préſerver nos grains, tandis que nous nous bornerons à ne donner que l'extrait de ce qui a été publié par M. Tillet, tant ſur le Rachitiſme que ſur le Charbon.

PREMIERE SECTION.

Des Maladies des Bleds pendant leur végétation.

Les Maladies principales qui attaquent les Bleds dès qu'ils ſe développent, & juſqu'à ce qu'ils ſoient parfaitement mûrs, ſont de trois eſpeces, le Rachitiſme, le Charbon & la Carie.

§. I.

Du Rachitiſme.

Le Rachitiſme eſt cette monſtruoſité particuliere qui annonce la perte du Bled avant ſa formation; elle ſe manifeſte ſenſiblement au Printemps ſur les pieds qui en ſont affectés, lorſque les tiges ont à peine acquis trois ou quatre pouces de hauteur, & annonce à l'obſervateur qu'elles porteront des grains avortés. Toutes les parties de la plante en ſont frappées: le fourreau, les balles, les barbes ſont contournés & recoquilliés à meſure que l'épis ſort de l'enveloppe, & que le grain avance vers ſa maturité, temps où il prend une nuance bleuâtre pour paſſer enſuite au brun plus ou moins foncé. Ce grain differe abſolument de celui qui eſt ſain: de moitié moins long que le grain ordinaire, il eſt ſillonné dans toute ſa longueur, & terminé par une, deux, & quelquefois trois pointes qui le font reſſembler à pluſieurs grains réunis. La ſubſtance qu'il contient & qui eſt blanchatre, eſt la matrice d'un inſecte qui a été obſervé par le plus habile Phyſicien de notre ſiecle. Heureuſement cette maladie eſt peu commune dans nos contrées; il n'exiſte point encore de moyens connus pour la combattre.

§. II.

Du Charbon.

La plante charbonnée ne ſe diſtingue pas d'abord de celle qui ne l'eſt point; mais à peine l'épis commence-t-il à paroître qu'on le voit recouvert d'une eſpece de moiſiſſure; il blanchit inſenſiblement; toutes ſes parties ont une apparence ſeine, ce qui porteroit à croire que le Grain ſeul eſt vicié; l'épis tout entier ſe pourrit & ſe déſſeche; la farine, ainſi que la balle, ſe réduiſent en une pouſſiere noire, fine, légere & comme brûlée. Il paroît que cette maladie eſt décidée au moment où le Grain germe, & M. Tillet en a apperçu les premiers ſymptômes dans la racine; elle differe de la Carie, en ce qu'elle n'eſt contagieuſe ni pour le Bled ni pour les autres Graines; les remedes contre cette maladie ne ſont pas plus connus que ceux contre le Rachitiſme.

§. III.

De la Carie.

On confond généralement la Carie avec le Charbon, quoique ces deux maladies ſoient bien différentes, comme nous le ferons voir dans la troiſieme ſection de ce Chapitre, que nous conſacrons tout entier à l'examen de la nature, de la propagation & des remedes propres à combattre cette maladie.

DEUXIEME SECTION.

Des Accidens qui arrivent aux Bleds, pendant leur conſervation.

Ces accidens arrivent ou dans le temps même de la Moiſſon, ou lorſque les Grains battus ſont renfermés dans les Greniers. On conçoit que les moyens à prendre dans l'un ou l'autre de ces cas, doivent être abſolument différens : parcourons-les rapidement.

§. I.

Des Accidens qui arrivent aux Bleds, pendant le temps de la Moiſſon.

Dans les années pluvieuſes, le Bled peut

peut être imprégné d'une plus ou moins grande quantité d'humidité ; alors ou il germera par ſon ſéjour ſur terre, lorſqu'il n'eſt encore qu'en javelle ; ou s'il n'éprouve pas cet accident, il pourra s'échauffer lorſqu'il ſera renfermé dans la grange, ou dépoſé dans les greniers, dans leſquels il éprouvera une eſpece de fermentation, qui lui communiquera une mauvaiſe odeur, & facilitera le développement d'une eſpece de Mitte, qui altérera la farine, de maniere à ne pouvoir former qu'un Pain déſagréable & mal ſain.

Pour prévenir la germination des Bleds, pendant les récoltes, M. Ducarne de Blagi a publié une méthode, ſuivie depuis long-temps dans la Flandre, où le Bled germé n'eſt preſque connu que de nom, qui conſiſte à ne couper, dans les intervalles des pluies, que la quantité de Bled qu'on eſpere pouvoir faire ſécher ; à le mettre en bottes ſi-tôt qu'il eſt à peu près ſec, & en former des petites moies ou javelots, qu'on recouvre avec de la paille battue, quand on peut s'en procurer, ou même avec une portion des javelles ; & ces moies peuvent rester dans les champs aussi long-temps qu'on le veut. Par ce moyen, les Bleds distribués en petites masses, achevent de se sécher, ne peuvent point fermenter, conservent leur couleur, & peuvent être ensuite enmagasinés sans danger. Elle présente encore cet avantage précieux, que n'étant point obligé de charier sur le champ les gerbes pour les transporter à la grange, tous les bras peuvent être employés aux autres travaux toujours pressans dans cette saison. Nous croyons inutile de faire observer que, par ce moyen, le nombre des bâtimens de Campagnes & le danger des incendies, se trouveroient considérablement diminués.

Mais comme cette méthode toute simple & toute efficace qu'elle est, pourra bien n'être pas suivie universellement, nous croyons devoir indiquer le seul remede qui puisse arrêter les suites de la germination dans les Grains qui l'ont éprouvée. Chacun sait qu'un Bled germé, quelque soin qu'on prenne pour le conserver, continue à éprouver un mouvement intestin de fermentation, qui bientôt finit par détruire entiérement la farine. Pour s'y opposer, il faut étuver ce

Grain, ce que les Gens de Campagne peuvent faire en l'étendant dans leur four légérement échauffé. Ce dégré de chaleur suffit pour enlever au Grain la portion d'humidité qui entretenoit chez lui la fermentation. Ainsi préparé, il a plus de main; son aspect est plus flatteur; & le Pain qui en résulte, quand on y ajoute, lors de sa fabrication, un peu de sel, ne différe en rien de celui qu'on obtient du Bled qui n'a point subi cet accident. Enfin lorsque le Bled receuilli dans une saison trop pluvieuse, a été frappé assez d'humidité pour conserver une disposition à acquérir une mauvaise odeur & à favoriser le développement de la Mitte, les moyens usités généralement pour sa conservation, sont insuffisans; le remuage à la pelle, & & l'étuvage même, n'empêchent pas ces accidens de s'y développer de nouveau; il faut alors employer la méthode proposée par MM. Parmentier & Broc, dont nous parlerons dans un instant.

§. II.

Des Moyens de préſerver les Grains des différens accidens qui leur arrivent pendant leur conſervation.

Les Grains dont la récolte s'eſt faite dans la ſaiſon la plus favorable, de même que ceux qui après avoir été germés ou expoſés à acquérir une mauvaiſe odeur, & à être infectés de mittes, ont été mis à l'abri des ſuites fâcheuſes conſécutives à ces accidens, ſont encore expoſés à devenir la proie des charanſons, des vers à bled, ou à éprouver quelques uns des accidens que nous venons de décrire, ſi on les abandonne ſans précaution dans les greniers. Des Expériences multipliées ont prouvé l'inſuffiſance des recettes publiées pour les mettre à l'abri des ravages de ces deux inſectes, & ſi l'étuve a paru un moyen efficace pour les détruire, il eſt conſtant que le dégré de chaleur exceſſif auquel on eſt obligé d'expoſer le Grain pour faire périr les charanſons ainſi que leurs œufs, attaque le Bled, de maniere à ce que le pain qui en provient, eſt ſenſiblement déterrioré. Ce n'eſt donc point un remede pour détruire ces inſectes que nous devons chercher, nous croyons devoir nous borner à indiquer un moyen qui les empêche d'infecter les Grains. Pour cela, nous propoſerons la méthode infiniment précieuſe, publiée par MM. Parmentier & Broc, méthode qui, ſi elle eſt ſuivie dès l'inſtant que le Bled aura été battu & bien griblé, ou pelleté quelque temps à la maniere de M. Soyer du Hamel, Cultivateur inſtruit, empêchera que ces inſectes ne puiſſent s'y introduire.

Elle conſiſte à renfermer dans des ſacs tout le Bled qu'on ſe propoſe de conſerver, à ranger tous ces ſacs de bout dans ſon grenier, en obſervant que chacun d'eux ſoit diſtant en tout ſens de ſon voiſin de deux à trois pouces. Plus l'air circulera facilement au tour d'eux, plus on ſera ſûr de garantir les Bleds de tous les accidens dont on veut les préſerver. Ainſi, cette méthode réunit tous les avantages qu'on peut déſirer, puiſque d'une part, par ſon moyen, on évite les ravages des différens inſectes qui les détruiſent ou qui les vicient, & que d'un autre côté à même temps qu'elle exige un terrein bien moins considérable pour leur conservation, elle diminue de beaucoup les frais qu'on étoit obligé de renouveller souvent pour le pelletage & le criblage.

Nous ne nous étendrons pas davantage sur les diverses maladies des Grains, sur les caracteres de chaque espece de Bled, nous ne parlerons pas non plus de ce qui à trait à leur culture, ni d'une infinité d'autres moyens qu'on a proposés pour leur conservation; ceux qui voudront des instructions plus étendues, les trouveront présentées de la maniere la plus intéressante dans les Ouvrages précieux de MM. Tessier, Tillet, Cadet de Vaux, Parmentier & l'Abbé Vilin, qui renferment une infinité d'observations aussi neuves qu'intéressantes.

TROISIEME SECTION.

De la Carie.

Nous avons dit plus haut qu'il ne falloit pas confondre la carie avec le charbon. Ses suites sont bien plus dangereuſes, & il eſt bien important de travailler à la détruire, puiſque ſes ravages s'étendent & ſe multiplient tous les jours.

§. I.

Des Caracteres de la Carie.

Les grains de Bled frappés de carie, différent, au premier coup-d'œil, de ceux qui ſont ſains, en ce qu'ils ſont plus ronds, plus gros, n'ont point de rainure, préſentent un aſpect livide, d'une couleur verdoyante lorſqu'ils ne ſont pas murs, & quand ils ſont parvenus à leur point de maturité, d'un gris ſale tirant ſur le brun. Si on l'examine plus attentivement, on obſerve que la balle eſt plus mince & moins forte, & ſi on l'écraſe, on apperçoit que la farine a été entiérement décompoſée, & qu'en ſa place, il ne s'y trouve plus qu'une poudre noire, graſſe & d'une odeur fétide approchant de celle du poiſſon pourri. Je me bornerai à tranſcrire littéralement la deſcription que fait de cette maladie M. Tillet, dans ſon Précis des Expériences faites par ordre du Roi à Trianon.

» On commence à distinguer, avant » la fin de la floraison, les épis frappés » de carie ; tant qu'ils sont renfermés » dans leur fourreau, même lorsqu'ils » sont totalement au jour, on ne soup- » çonneroit aucun vice dans la plante ; » la tige est droite & élevée, les feuilles » sont communément sans défaut ; mais » à peine la floraison est-elle établie, » que les épis cariés se font remarquer » à une couleur bleuâtre, les balles qui » enveloppent les Grains sont plus ou » moins tachés de petits points blancs, » le Grain lui-même, plus gros qu'il ne » devroit être naturellement, est d'un » verd très-foncé, les trois étamines » moins hautes que lui & collées à ses » côtés, sont languissantes & comme » flétries. Si on écrase le grain carié, » on le trouve rempli d'une matiere » grasse, noirâtre, & d'où il s'exale une » odeur fétide, sur-tout si on l'écrase » entiérement «.

Le Bled infecté de carie, a cela de désavantageux, que ni les soins qu'on apporte à sa mouture, ni ceux qu'on prend pour transformer sa farine en pain, ne peuvent empêcher que ce dernier produit ne ſoit d'une couleur violette ; matte, gras-cuit, diſpoſé à ſe moiſir aiſément, & qu'il n'ait une odeur & un goût très-déſagréable. On ne peut le débaraſſer de cette mauvaiſe qualité, qu'en lui faiſant ſubir un lavage exact avec de l'eau pure, avant de le réduire en farine.

§. I I.

De la Propagation de la Carie.

La pouſſiere noire, graſſe & fétide dans laquelle la farine eſt convertie par la carie, porte en elle un vrai virus peſtilentiel, qui ſe propage avec une rapidité étonnante, & cette contagion eſt d'autant plus redoutable, que les Grains de bonne qualité, imprégnés de cette pouſſiere gangreneuſe, conſervent nombre d'années leur propriété virulante, & prolongent cette calamité au point de lui faire prendre, d'années en années, de nouveaux accroiſſemens.

Ce virus ne ſe communique pas ſeulement par l'application de la pouſſiere noire ſur le Bled ſain, dans lequel il perpétue ce vice pour la moiſſon future, qui dans certaines années, détruit plus de la moitié de la récolte; mais c'eſt encore un fait, avoué de preſque tous les bons Obſervateurs, que la paille qui a porté des Grains cariés, communique au fumier dans lequel on l'introduit, la propriété de propager cette contagion. Ce virus déleterre échappe donc à l'action même de la fermentation, cet agent ſi puiſſant, & dont la nature & l'art ont ſu tirer un parti ſi avantageux, pour faire ſervir au bien général les choſes même qui, en en apparence, ſembloient ou nuiſibles ou au moins inutiles.

Qu'il nous ſoit permis de haſarder ici quelques réflexions au ſujet de la propagation de la carie par le moyen de la paille. Eſt-il bien conſtant que ce ſoit cette paille qui propage ce vice, ou bien n'eſt-il pas plus probable qu'une portion de noir, attaché à la tige ou aux hottons, en ſoit la cauſe? Nous nous ſommes occupés depuis quelques temps de recherches à ce ſujet, mais les expériences que nous avons faites, ne nous ont pas paru ſuffiſantes pour fixer notre opinion à cet égard; & comme cette matiere nous paroît très-importante, lorſque nous aurons obtenu des réſultats qui nous paroîtront dignes de l'attention du Public, nous nous ferons un devoir de les lui préſenter.

Si l'une ou l'autre de ces cauſes ſéparément, ſuffit pour expoſer nos moiſſons au fléau de la carie, combien n'aura-t-on pas plus à craindre, lorſqu'elles pourront concourir enſemble ? & qui oſera aſſurer au Laboureur, que dans la quantité de fumier qu'il a accumulé ou qu'il achete pour engraiſſer ſa terre, il ne ſe trouvera pas épars ça & là quelques brins de paille viciée qui ſuffira pour infecter ſon champ ? Que de raiſons pour lui de chercher un préſervatif certain ?

§. III.

Des Moyens de prévenir & de détruire la Carie.

Les pertes déſaſtreuſes que la carie occaſionne aux Cultivateurs, ont dû les engager à faire une multitude d'eſſais, ſinon pour faire diſparoître à jamais ce fléau, du moins pour pallier les accidens qui en résultent; de-là se sont introduites dans les pratiques d'Agriculture ces recettes monstrueuses, imaginées par l'ignorance & la cupidité, & multipliées ensuite par la crainte de ne jamais faire assez. Il faut en convenir cependant, la plupart étoient sur les voies; mais tous, faute de recherches suffisantes pour connoître la nature du mal, manquoient de persévérance dans l'instant où ils approchoient le plus prêt du but, & le défaut de soin & de réflexion étoient la cause principale qui les faisoit échouer dans leur projet.

Il n'en fallut pas davantage que ce défaut de succès pour accréditer la superstition; on abandonna toute espece de recherches; on se moqua de ceux qui osoient persévérer; on attribua leur succès à des causes éloignées, & on se borna en général à attendre le remede, ou des pratiques munitieuses & superstitieuses, ou de l'influence des saisons, vu l'intime conviction où la plupart des Cultivateurs étoient plongés, que ce mal étoit absolument incurable.

La rapidité des progrès que ce mal a fait depuis six ans, a enfin forcé l'Agriculteur de ſortir de ſa létargie. Il s'eſt plaint publiquement. M. le Comte d'Agay, qui avoit déja inſtitué des Cours publics de Meunerie & de Boulangerie en faveur des Campagnes, attendri à à la vue de ce fléau qui faiſoit les plus grands ravages, fit les fonds d'un Prix qu'il chargea l'Académie d'Amiens de propoſer, dont le ſujet étoit, d'indiquer les moyens les plus ſurs de prévenir & de détruire cette maladie. D'un autre côté, la Société Royale d'Agriculture s'empreſſoit de recueillir & de publier les procédés qui lui paroiſſoient les plus avantageux pour s'oppoſer à une calamité qui s'étendoit dans toutes les Provinces du Royaume.

L'expoſé ſuccinct du travail que j'ai fait ſur les maladies des Bleds confirme d'une maniere inconteſtable ce que je n'ai ceſſé d'annoncer & de preſcrire depuis trois ans pour s'oppoſer aux ravages de cette maladie ; & quand bien même mes obſervations & mes procédés ſe trouveroient en oppoſition avec ce que quelques Cultivateurs ont publié juſqu'aujourd'hui ſur cette matiere importante, je n'en ſerai que plus ferme à ſoutenir ce que m'ont appris les expériences multipliées que j'ai ſuivies, & qui acquierent un nouveau dégré de force par la confirmation qu'ils ont reçu de l'analyſe chimique que je préſenterai dans le Chapitre troiſieme; ainſi en préſentant aux Cultivateurs une méthode ſûre & facile d'anéantir pour jamais ce fléau, c'eſt leur rendre le plus grand ſervice; c'eſt annoncer à cette Province, ruinée en partie par la Carie toujours renaiſſante, le retour de ſon ancienne fertilité; ce ſera enfin m'acquitter envers les Compagnies auxquelles j'appartiens, ou qui m'ont honoré de leur confiance, en diſcutant les moyens qui leur ont été préſentés comme victorieux, & en les appréciant à leur valeur.

Lorſque l'Académie d'Amiens couronna le Mémoire de M. Moriſe, ſur le Bled noir, il y avoit déja trois ans que dans mes Cours publics de Meunerie & de Boulangerie, j'indiquois une préparation à donner aux ſemences, dans laquelle il n'entroit que de la chaux, mais à très-grande doſe. J'avois été principalement déterminé à admettre cet agent, comme l'unique, ou au moins le principal remede de la Carie, par une très-longue ſuite d'Expériences ſur pluſieurs ſubſtances animales, que j'avois faites l'année précédente avec M. d'Hervillez, Médecin, pour le Cours de Chimie, que nous faiſions enſemble tous les ans, au nom de l'Académie. D'ailleurs en parcourant tous les bons Ouvrages d'Agriculture, j'avois obſervé qu'ils ſe réuniſſoient tous pour conſeiller de préparer les ſemences avant de les confier à la terre ; & que dans preſque tous les procédés indiqués, la chaux y entroit en plus ou moins grande quantité. Ce conſentement unanime me faiſoit prévoir d'avance que la chaux vive pourroit remplacer toutes les drogues qui entroient dans ces recettes ſi multipliées.

On objecta alors que la grande quantité de chaux que j'exigeois, deviendroit un ſurcroit de dépenſe très - conſidérable ; que jamais la Picardie n'en fourniroit aſſez pour enchauler à ma maniere ; & qu'enfin les ſemences ſeroient ou brûlées ou au moins conſidérablement altérées, ſi on adoptoit mon procédé.

Ces deux premieres objections, toutes futiles qu'elles étoient, ont été combattues l'année derniere, dans le Programme que j'ai publié à l'Ouverture du Cours de Meunerie & de Boulangerie. J'y ai fait voir que, loin que mon procédé fût plus diſpendieux que les méthodes uſitées, il préſentoit une économie conſtante, en ce qu'il épargnoit un grand tiers du Grain qu'on a coutume d'employer pour la ſemence; & que ce bénéfice fait ſur ce Grain, n'étoit pas à comparer avec le prix de la chaux qu'on emploie, puiſqu'il n'en coûte que quatre ſols au plus pour l'enchaulage d'un ſeptier de Bled de ſemence. J'ai auſſi prouvé que cette dépenſe, toute modique qu'elle eſt, diminueroit encore lorſque ce procédé, plus univerſellement répandu, détermineroit les Chaufouriers, qui ne font de chaux qu'en raiſon de la conſommation journaliere, à approviſionner leurs magaſins, quand ils ſeroient sûrs d'un débit plus grand.

L'objection la plus forte, en apparence, qu'on ai faite contre notre méthode, eſt que la quantité de chaux que nous preſcrivons, doit brûler, ou conſidérablement altérer la ſemence. En même temps que nous conviendrons qu'il eſt très-poſſible que cet accident ſoit arrivé à ceux qui

qui n'auront pas pris exactement toutes les précautions que nous avons indiquées ; sur-tout s'ils ont mêlé leurs Grains avec leur chaux, avant qu'elle ait été parfaitement éteinte, puisqu'elle ne brûle que dans l'acte de son extinction, & qu'il faut bien distinguer la combustion qu'elle occasionne alors d'avec sa maniere de se comporter & d'agir sur les substances dont elle est le dissolvant en qualité de chaux, nous nous croyons fondé à assurer que l'expérience détruit complétement cette objection. Nous irons plus loin encore, & nous assurerons, pour l'avoir répété plusieurs fois, que du Grain enchaulé à notre maniere, s'est trouvé aussi bon, & a poussé avec autant de vigueur, au bout de deux ans de cette préparation, que celui qui venoit de la subir immédiatement avant d'être semé. J'ai déja dit que j'avois fait une suite d'Expériences de ma méthode, chez plusieurs Cultivateurs éclairés de cette Province, & il en est constamment résulté ces avantages précieux, & qui n'ont point échappés à leur sagacité, 1°. que les Grains, ainsi préparés, n'ont point été exposés à la voracité des animaux, bénéfice certain pour le Cultivateur, qui ne sera plus obligé de calculer cette perte; 2°. que les pieces ensemencées de cette maniere, ont été préservées entiérement de Carie, tandis que leurs voisines pour lesquelles, ou à dessein ou par négligence, on n'avoit pas pris cette précaution, présentoient une plus ou moins grande quantité de Grains frappés de ce vice, d'où résultoit pour celles-ci une perte constante au battage, que n'éprouvoient point les premieres; 3°. que les pailles plus fortes & les épis plus nourris, étoient conséquemment moins sujets à verser. La réunion de tous ces avantages bien constatés, devoit nous porter à engager tous les Agriculteurs à adopter une méthode qui vient encore d'être confirmée par les Expériences que j'ai suivies cette année; & pour éviter toute erreur, je vais la transcrire ici telle que je l'ai publiée l'année derniere & en mil sept cent quatre-vingt-cinq.

Méthode pour l'enchaulage des Grains destinés aux semences.

Elle consiste à employer pour l'enchaulage du Bled, une partie de chaux vive, contre trois parties de ſemence. Ce procédé doit être auſſi employé pour le Seigle, les Avoines, l'Orge & la Pamelle.

On prend un petit cuvier ou tonneau défoncé, dans lequel on met un ſeptier de chaux vive, meſure au bled; on jette par-deſſus & à pluſieurs repriſes, trois ſceaux d'urine de vache, ou à défaut, d'eau de fumier. Cette quantité d'eau ſuffit ordinairement pour éteindre la chaux, & la réduire en une bouillie un peu claire. Si cependant elle étoit trop épaiſſe, on y ajouteroit de l'eau de fumier.

D'une autre part, on prend trois fois autant de bled qu'on a de chaux, on le diſpoſe en tas ſur l'aire de la grange, de maniere qu'il y ait au milieu du tas un grand creux aſſez vaſte pour contenir toute la bouillie de chaux, afin de n'en rien perdre; alors on ſe hate de mêler le tout en remuant à la pelle, & très-promptement. Pendant cette opération la bouillie de chaux s'imbibe dans le bled qui gonfle prodigieuſement, & ſe charge de toute la chaux à ſa ſurface, de maniere à reſſembler à de groſſes dragées; on couvre promptement le tas avec des ſacs, afin d'y entretenir le plus long-temps poſſible le dégré de chaleur qui s'y excite, & à l'aide du quel la chaux déploie toute ſon énergie; au bout de quatre heures on le remue de nouveau, ce qui acheve ordinairement de le ſécher; mais ſi après ce ſecond remuement, il n'étoit pas ſuffiſamment ſec, on en feroit un troiſieme quatre heures après, ayant toujours ſoin pendant ces intervalles de tenir le tas bien couvert. Lorſque le Bled a été bien ſéché, il eſt propre à être ſemé, & comme il a conſidérablement groſſi, il conviendra de le ſemer un peu plus épais.

Ce procédé ſuffit pour déſinfecter entiérement le Bled noirci par la carie, tel qu'on le choiſit ordinairement pour les ſemences; mais ſi on vouloit par curioſité, où ſi la néceſſité contraignoit d'employer pour les ſemences un Grain qui ſeroit entiérement recouvert de cette poudre noire, il faudroit alors prendre quelques précautions nouvelles qui nous ont été ſuggérées par les divers réſultats de notre analyſe chimique, & dont l'utilité vient de nous être démontrée par l'expérience dont nous allons rendre compte.

Nous avons pris ſix livres de froment, ſur lequel nous avons verſé une once de poudre de carie, nous avons mêlé le tout juſqu'à ce que chaque grain en fut parfaitement recouvert, alors nous avons pris deux livres de chaux vive que nous avons réduite en bouillie claire avec de l'eau de fumier. Dès l'inſtant que nous avons fait ce mêlange il s'en eſt dégagé une odeur très-ſenſible de carie mêlée d'alkali volatil : lorſque nous avons remué cette maſſe, que nous avions eu ſoin de tenir parfaitement couverte, nous avons encore obſervé un pareil dégagement ; mais quand nous voulumes la remuer pour la troiſieme fois, comme l'opération avoit été faite très en petit, nous avons trouvé qu'elle étoit parfaitement ſéche, & que la chaux ne réagiſſoit plus ſur la carie. Pour ſavoir ſi la partie virulente de cette carie avoit été entiérement détruite, nous avons réduit ce mêlange en une eſpece de bouillie, par l'addition d'une ſuffiſante quantité d'eau, auſſi-tôt l'odeur de carie & d'alkali volatil s'eſt manifeſtée de nouveau, mais bien plus foiblement, & chaque fois que nous avons remué le mêlange, nous avons vu décroître cette odeur, de maniere, qu'en y ajoutant une ſeconde fois de l'eau pour le rendre encore en bouillie, nous avons obſervé qu'il n'exiſtoit plus aucun ſigne de réaction.

D'un autre côté, en même-temps que nous ſuivions l'expérience dont nous venons de rendre compte, nous traitions de la même maniere une quantité égale de Bled moucheté de carie, au dégré de celui qu'on emploie ordinairement pour la ſemence, quand on ne peut point s'en procurer de parfaitement ſain : ni la premiere ni la ſeconde addition de l'eau néceſſaire pour réduire cette maſſe en bouillie ne donnerent aucun ſigne de réaction.

Il ſuit donc de ces expériences ces deux vérités importantes auxquelles nous prions le Cultivateur de donner toute ſon attention, que pour le Bled moucheté ordinaire, le procédé que nous avions publié l'année derniere, & que nous venons de répéter, eſt ſuffiſant pour déſinfecter entiérement les ſemences, & que pour celles qui ſeroient ſurchargées de carie, ſans avoir beſoin d'ajouter une nouvelle quantité de chaux, il ſera néceſſaire d'entretenir le mêlange long-temps humide, en y ajoutant à fur & à mesure qu'on le remue ou un peu d'eau de fumier ou de l'urine de vache; car il est maintenant démontré, comme on le verra dans notre analyse, que la chaux n'a d'action sur la carie qu'autant qu'elle est humide.

Le mérite principal du Mémoire de M. Morise, aux yeux de l'Académie, étoit que son procédé exigeoit une grande quantité de chaux pour détruire le noir. Tous ceux qui lui ont disputé la couronne, présentoient à peu près les mêmes vues, & quoique les Instructions publiées par le Gouvernement en mil sept cent quatre-vingt-six, parussent différer de notre méthode, elle s'en rapprochoient à beaucoup d'égard, comme nous le ferons voir par la suite: ces Instructions rédigées par Messieurs Cadet & Parmentier, qui tous deux ont mérité à tant de titres la confiance des Cultivateurs, n'ont point été adoptées, parce que les Habitans des Campagnes ennemis de toute nouveauté & de tous soins, n'y ont vu qu'une recette ordinaire, sur l'efficacité de laquelle ils croyoient devoir d'autant moins compter, qu'elle exigeoit plus de dépenses & de soins pour sa préparation. En effet, & il faut en convenir, le Laboureur eſt dans une poſition telle qu'il ne peut s'aſſujettir qu'à des travaux en grand : de petites pratiques, des ſoins minutieux, fuſſent-ils d'ailleurs très-avantageux, ne peuvent lui convenir, parce qu'il n'a point le temps de s'y aſſujettir, & parce qu'ils heurtent ſes préjugés. Ici nous n'entendons pas comprendre dans ces reproches, ni attaquer la bonté du procédé publié par le Gouvernement; nous en reconnoiſſons toute l'efficacité, & s'il n'a pas été univerſellement adopté, ce n'eſt que parce qu'il exige trop de ſoins. C'eſt ce qui nous a engagé à faire des recherches pour le ſimplifier & nous mettre par là plus à la porté des Cultivateurs. Nous avons voulu nous aſſurer ſi parmi les différentes méthodes de préparer les ſemences, publiées juſqu'au jourd'hui, il n'en étoit point une qui puiſſe être amenée à un dégré de ſimplicité, tel qu'ils trouvent moins de difficulté à s'en ſervir, que de celles qu'ils ſuivent journellement & ſans ſuccès; & nous croyons avoir atteint ce but, car la leſcive des ſavonniers, que nous regardons également comme un ſpécifique contre la carie, exige & bien plus de dépenſes &

bien plus de ſoins que la ſimple fuſion de la chaux. Nous avons devers nous pluſieurs expériences qui nous font préſumer que les alkalis non-cauſtifiés ne peuvent devenir un remede contre la carie qu'autant qu'ils ont été rendu cauſtiques; mais la dépenſe qu'ils exigent ſera toujours une raiſon d'excluſion, & de leur faire préférer la chaux dont les ſuccès ſont ſi bien conſtatés.

La chaux, de même que les alkalis, doit être conſidérée comme une ſubſtance propre à ſervir d'engrais; ainſi, à cet égard, notre méthode ſe rapproche de celle publiée par le Gouvernement; nous ſommes encore bien éloignés de penſer que les diverſes ſubſtances ſalines employées dans le chaulage ordinaire n'y ſoient pas utiles, nous les avons toujours recommandées, & nous les indiquons encore dans la méthode que nous venons de propoſer, ſeulement afin de ne point nous écarter du plan de ſimplicité que nous devons adopter, nous avons choiſi de préférence, parmi les ſubſtances ſalines propres aux engrais, l'eau de fumier qui ne coûte rien au Laboureur, & qu'il a toujours ſous ſa main.

Par tout ce que nous venons de dire, & plus encore par l'analyse du Bled carié, il est constant que la chaux est le plus puissant destructeur du noir, & que si nous ne voyons pas la plupart des recettes qui l'indiquent, couronnées d'un entier succès, ce n'est que parce qu'elle n'y est pas employée en assez grande dose, ou qu'elle y est mêlée avec des sels qui diminuent ou anéantissent son effet. C'est avec la glus grande satisfaction que nous annonçons aux Cultivateurs, que la méthode que nous venons de leur indiquer, a été suivie avec le succès le plus complet pendant quatre ans, non seulement sur les Bleds, mais même sur les Seigles, les Avoines, les Orges & les Pamelles. Nous les prévenons qu'ils peuvent, sans exposer leurs semences, se dispenser du lavage, avant de les enchauler, parce qu'il est certain que la chaux, détruisant absolument la maladie du noir, le lavage y est alors inutile; ainsi, outre que cette méthode réunit la certitude d'un entier succès, elle a encore l'avantage de simplifier la manutention. Il est sans doute inutile d'avertir le Laboureur que sa ſemence ne devant point être lavée, il doit apporter tous ſes ſoins pour la purger, par le griblage, de tous les Grains étrangers.

CHAPITRE II.

Analyſe du Bled carié.

POUR rendre ce travail plus complet, nous ne nous ſommes pas ſeulement bornés à faire l'analyſe de la poudre noire fournie par le Bled carié, que nous déſignerons par la ſuite ſous le nom de Poudre de Carie, nous avons cru devoir employer tous les mêmes moyens ſur la farine du froment le plus pure, afin de pouvoir comparer les produits que nous auront fournis chacune de ces épreuves.

Nous avons eu ſoin de débarraſſer exactement la Poudre de Carie, que nous avons ſoumiſe aux expériences analytiques, de leurs balles ou enveloppes, de même que nous avons ſéparé le ſon de la farine que nous avons examinés comparativement, & cela dans l'intention d'avoir des produits exacts. Ceux des moyens analytiques auxquels nous nous sommes arrêtés, ont été d'abandonner à l'air libre une certaine quantité de cette Poussiere de Carie, d'en traiter une autre avec l'eau froide, l'eau chaude, les acides, les alkalis, la chaux, les menstrues spiritueux, & la distillation pneumatique.

§. I.

Examen de la Poudre de Carie abandonnée à l'air libre.

Nous avons pris quatre onces de Poudre de Carie, que nous avons exposée dans un vaisseau de verre recouvert d'une gaze, & placé à l'ombre. Nous en avons mis une pareille quantité, & avec les mêmes précautions dans un endroit où le soleil donnoit toute la journée. Au bout d'un mois, en examinant ces deux Poudres, il n'y avoit presque point de différence quant à l'odeur. Pour celle qui avoit été exposée à l'ombre, son poid n'avoit diminué que d'environ un demi-gros; elle paroissoit un tant soit peu plus seche au toucher, son goût étoit tout aussi désagréable; ainsi l'air ne paroît avoir opéré sur elle aucune espece de changement.

Il n'en a pas été de même pour celle exposée au soleil, dont l'odeur & le goût ont été sensiblement diminués, qui s'est trouvé beaucoup plus seche, & dont le poid étoit diminué de deux gros.

§. II.

Extraction & Examen des premiers produits de la Poudre de Carie traitée par l'Eau froide.

Nous avons épuisé quatre onces de Poudre de Carie de tout ce qu'elle devoit fournir dans l'eau froide, en la soumettant à trois infusions successives pendant 48 heures, dans quatre livres d'eau distillée. Pour nous assurer que pendant cette opération il ne s'en dégageoit aucunes substances aériformes, nous avions eu l'attention de les faire dans un matras, surmonté d'un tube, qui alloit répondre dans un appareil pneumato-chimique, rempli d'huile d'olive, ainsi que le récipien auquel il aboutissoit.

Premiere Expérience.

Au bout de 48 heures, nous avons procédé à l'examen de la premiere infusion; il n'étoit passé aucune émanation élastique dans le récipien pneumatique; l'eau qui avoit servie à l'infusion étoit légérement ambrée & laiteuse; lorsqu'elle fut décantée & filtrée, elle étoit claire, & ressembloit à une infusion théiforme, dont l'odeur étoit absolument la même que celle de la Poudre de Carie. Les produits des deux autres infusions qui avoient durées le même temps, ne différoient de celui de la premiere qu'en ce qu'ils étoient moins colorés & moins odorans, & la poudre retirée après cette derniere infusion, se trouvoit absolument sans odeur.

Seconde Expérience.

A fur & à mesure que nous avions filtré les liqueurs, nous les avons soumiſes aux mêmes épreuves. Nous avons verſé une portion de ces trois infuſions ſur du ſirop de violette, qui toutes en ont altéré la couleur en verd.

Troiſieme Expérience.

Une portion de chacune de ces infuſions abandonnée à l'air libre, y a acquis, au bout de vingt-quatre heures, après s'être troublée, une odeur cadavéreuſe, dans laquelle l'alkali volatil ne pouvoit point ſe reconnoître à l'odorat, mais ſe trouvoit démontré ſenſiblement par la tendance que les vapeurs de l'acide marin avoient à ſe porter ſur les vaſes qui renfermoient ces liqueurs ; phénomene qui n'a pas eu lieu ſur ces infuſions, tant qu'elles n'ont point ſubi ce dégré d'altération ſpontanée.

Quatrieme Expérience.

Sur une portion de chacune de ces trois infuſions encore récentes, nous avons jetté une petite quantité de chaux éteinte, qui y a développé une odeur de Carie beaucoup plus ſenſible ; & quoiqu'il n'ait point été possible de reconnoître par l'odorat, la présence de l'alkali volatil, les vapeurs de l'acide marin l'ont manifesté immédiatement après le mêlange.

Cinquieme Expérience.

Une autre portion de chacune de ces infusions a été encore examinée par la chaux, après avoir été abandonnée à l'air libre, pendant un temps suffisant pour lui permettre de se putréfier. Ce moyen n'a pas paru y dégager une plus grande quantité d'alkali volatil, que celle qui y étoit produite par la putréfaction.

Sixieme Expérience.

Le reste de toutes nos infusions non altérées, a été réuni & soumis à l'évaporation qui nous a fourni une matiere extractive, ayant l'odeur de Carie, & qui en moins de douze heures, s'est complétement putréfié.

Septieme Expérience.

Nous avons pris douze onces de poudre

dre de Carie, que nous avons voulu réduire en pâte, afin de la laver avec un très-petit filet d'eau, & tâcher de nous procurer sa substance glutineuse, si toute fois elle en contenoit. Cette pâte n'a pu prendre aucune liaison; la poudre de Carie s'est précipitée au fond du vase, où elle avoit l'aspect des fécules, sans toutefois en avoir la cohésion. Ainsi la poudre de Carie ne peut point fournir par ce procédé, de partie glutineuse; & quoiqu'elle paroisse affecter l'apparence des fécules, puisque, comme elles, elle est indissoluble dans l'eau froide, nous croyons devoir avancer par anticipation, & nous le prouverons démonstrativement dans le paragraphe suivant, qu'elle differe absolument de ces substances. Mais pourquoi cette partie glutineuse ne se trouve-t-elle plus? Est-ce à son altération, à sa décomposition qu'est dû le nouvel état du Bled carié? Seroit-ce sa métamorphose qui auroit déterminé celle de la partie féculeuse? Toutes ces questions s'éclairciront par la suite. Il doit nous suffire, pour le moment, d'observer que par l'altération que cette partie glutineuse a éprouvée, elle est devenue en partie dissoluble dans l'eau ſans intermede. Ici, comme quand elle n'eſt point altérée, elle a paſſée immédiatement à la putréfaction, ſoit qu'elle ait été à l'état de diſſolution, ou ramenée ſous la forme d'extrait : ce n'eſt que dans cet état de putréfaction qu'elle a fourni de vrais ſignes d'alkalicité, car nous croyons que le ſirop de violette, changé en vert dans notre ſeconde Expérience, n'a pris cette nuance que par ſon mêlange avec une couleur fauve ; & enfin, pour en dégager l'alkali volatil avant qu'elle ait ſubi un mouvement ſpontanné, il a fallu employer les mêmes intermedes que ceux dont on ſe ſert pour opérer le même phénomene ſur les ſubſtances animales, & ſur la ſubſtance glutineuſe récente.

§. III.

Examen de la Poudre de Carie dépouillée, par ſon infuſion à l'eau froide, de ſa partie extractive odorante.

A fur & à meſure que la poudre de Carie fourniſſoit, par ſes infuſions ſucceſſives dans l'eau froide, ſa partie extractive odorante, elle perdoit ſon odeur fétide au point qu'après la troiſieme infuſion, lorſqu'elle fut ſéchée à l'air entre deux papiers gris, elle n'avoit plus d'autre odeur que celle de l'amidon humide; dans cet état, miſe ſur la langue, elle eſt inſipide, & elle n'eſt plus onctueuſe au toucher.

Premiere Expérience.

Pour nous aſſurer plus particuliérement de la maniere d'être de la poudre de Carie épuiſée par les infuſions à froid, nous en fimes bouillir une once, dans une ſuffiſante quantité d'eau, pour voir ſi, comme l'amidon, elle ne formeroit pas une colle. Dès le premier bouillon, la liqueur parut prendre un certain dégré d'épaiſſiſſement; mais lorſqu'elle fut retirée du feu, après y avoir bouillie dix minutes, la poudre ſe précipita au fond du vaſe, & la liqueur filtrée ne différoit de l'eau ordinaire que par une odeur de Carie très-légere.

Seconde Expérience.

Nous avons mêlé partie égale de chaux

éteinte & de poudre de Carie épuisée, sur le champ il s'est dégagé de ce mêlange une odeur de Carie très-forte, accompagnée d'alkali volatil, ne différant en rien de celle qui s'exhale de la poudre de Carie inaltérée.

Troisieme Expérience.

Nous avons cru devoir soumettre à la même épreuve la poudre de Carie, de la premiere Expérience de ce paragraphe, & nous avons observé que tous les phénomenes ont été absolument les mêmes. Quant aux autres tentatives que nous avons faites sur cette poudre de Carie épuisée, nous croyons devoir remettre à en parler dans le lieu où nous traiterons du Noir soumis à la distillation pneumatique. Que la poudre de Carie ait été purement épuisée de son odeur par le lavage à l'eau froide; qu'elle ait été même ensuite soumise à la décoction, elle présente toujours le même phénomene, lorsqu'on la mêle avec un réactif propre à en dégager de l'alkali volatil. Ainsi, après son lavage, quoique la poudre de Carie soit inodore, on peut y faire revivre ſon ancienne odeur; delà, il eſt conſtant que la ſubſtance ſaline, produite par la modification du gluten, quoique réſultante des mêmes principes, y exiſte ſous deux états bien différens, puiſqu'une partie eſt ſoluble, tandis que l'autre ne l'eſt pas.

L'inſolubilité de la poudre de Carie, dans l'eau bouillante, & qui l'empêche de former, comme l'amidon, la colle connue ſous le nom d'empoix, prouve bien que cette fécule de Bled carié, a éprouvé une altération qui lui a enlevé preſque toutes ſes propriétés caractériſtiques, puiſque la ſeule choſe que nous y avons obſervée, a été une eſpece de ramoliſſement, qui, pendant tout le temps qu'elle a été ſoumiſe à la décoction, donnoit au mêlange une légere conſiſtance.

§. IV.

Examen de la Carie par l'eau chaude.

Ici, nous ne pourrions préſenter que des phénomenes abſolument ſemblables à ceux que nous avons obtenus de toutes les Expériences rapportées dans le paragraphe précédent, puiſque les diverſes décoctions auxquelles nous avons ſoumiſe la poudre de Carie dans l'eau diſtillée, nous ont préſenté les mêmes propriétés que les infuſions à froid; & que la poudre reſtée ſur nos filtres, ne différoit en rien de celle des infuſions, après que nous l'eumes ſoumiſe à l'ébullition, pour nous aſſurer ſi elle ne fourniroit point une eſpece de colle. Nous nous bornerons donc à rapporter ici quelques Expériences que nous avons faites ſur une portion de ces poudres, dont le reſte a été employé, comme on le verra par la ſuite, dans les Expériences par la diſtillation.

Premiere Expérience.

Nous avons laiſſé dans deux capſules de verre, les deux portions de poudre de Carie épuiſée qui nous reſtoient; au bout d'un mois environ, nous voulumes examiner ſi elles n'avoient point éprouvé quelqu'altération par l'air dont elles n'étoient privées que par un léger couvert de papier; nous fumes étonnés de remarquer que toutes les parties s'étoient agglutinées, de maniere à préſenter dans leur caſſure, à peu près le même aſpect que l'amidon.

Seconde Expérience.

Nous primes deux petits morceaux de ces maſſes; nous les brûlames en même temps qu'un morceau d'amidon. La combuſtion de la poudre de Carie, ainſi agglutinée, différoit de celle de l'amidon, en ce que ſa flamme étoit continue, ſans bourſouflement de la maſſe, tandis que l'amidon s'étoignoit à chaque inſtant, & ne brûloit qu'en ſe bourſouflant. Voici donc encore de nouvelles preuves, que, dans la poudre de Carie, toutes les propriétés des fécules n'ont point été entiérement anéanties, puiſque cette poudre s'eſt agglutinée, & a préſenté, dans ſa caſſure, un aſpect peu différent de celui de l'amidon. Comme lui, elle a brûlée; mais ſi ſa combuſtion s'eſt faite d'une maniere plus ſoutenue; ſi ſa flamme a été plus vive, nous penſons qu'on ne doit l'attribuer qu'à ce que cette ſubſtance ſe trouve à l'état moyen entre l'état féculeux & celui du charbon, vu que ſi elle étoit entiérement charbonifiée, ſa flamme ſeroit bien différente.

§. V.

Analyse de la poudre de Carie, par l'acide vitriolique.

Les Expériences, dont nous venons de rendre compte, nous ont bien appris que par la putréfaction ou par l'intermede de la chaux & de l'alkali fixe, on dégageoit l'alkali volatil de la poudre de Carie : déja nous avons laissé entrevoir que nous étions portés à présumer qu'il y étoit combiné sous la forme d'une espece particuliere de sel neutre ; pour tâcher de le reconnoître, nous avons cru devoir procéder à sa décomposition par le moyen des acides & des alkalis.

Mais avant d'aller plus loin, nous prions d'observer que pour toutes les Expériences que nous avons faites sur la Carie, avec ces agens, nous nous sommes servis d'une cuve pneumato-chimique, remplie d'huile d'olive, & cela dans l'intention d'empêcher les différens gaz, que nous espérions obtenir, d'être absorbés par l'eau.

Premiere Expérience.

Dans un matras, adapté à la cuve pneumato-chimique, nous avons versé six onces d'acide vitriolique, à vingt-sept dégrés de l'aréometre, sur un pareil poid de poudre de Carie : au bout de douze heures, il n'y avoit sous le récipien, aucun fluide aériforme ; la liqueur filtrée n'avoit acquise ni couleur ni odeur.

Seconde Expérience.

L'addition de l'alkali fixe, sur une portion de cet acide, n'y occasionna point d'effervescence, mais il en dégagea une odeur très-sensible de Carie & d'alkali volatil.

Troisieme Expérience.

Les choses se sont passées de même, lorsqu'on y ajouta de la chaux, avec cette différence seulement, que l'odeur de Carie a été infiniment plus forte.

Quatrieme Expérience.

Ce qui nous restoit d'acide vitriolique

des Expériences précédentes, fut conſervé dans un flacon bouché en criſtal. Nous remarquames, au bout de quelques jours, qu'il s'étoit formé, au fond de ce vaiſſeau, des criſtaux gros comme des poids, très-ronds, ayant la conſiſtance de corne amolie. Ces maſſes blanches, demi-tranſparentes, nous ont paru être le réſultat de l'aſſemblage de petits criſtaux priſmatiques, qui partoient d'un centre commun, & venoient ſe terminer à la circonférence; ils furent tous mis ſur du papier gris, pour abſorber leur humidité, mais on ne put les obtenir ſec, parce qu'ils attirerent conſtamment l'humidité de l'air, ce qui fut cauſe qu'ils ſe déformerent & ſe réunirent en une maſſe gélatineuſe.

Nous avons obſervé que l'acide vitriolique, dans lequel ils s'étoient formés, avoit ſenſiblement perdu de ſon acidité.

Cinquieme Expérience.

Cette maſſe gélatineuſe fut lavée à pluſieurs repriſes, dans l'eau diſtillée, ſans aucun ſigne ſenſible de diſſolution: goutée alors, elle n'imprimoit ſur la langue d'autre goût que celui de la colle de Flandres ; & elle s'eſt diſſoute avec facilité dans la ſalive.

Sixieme Expérience.

L'alkali fixe, verſé ſur une portion de cette matiere gélatineuſe, en dégageat l'odeur de Carie, mêlée d'alkali volatil ; & ce qui ne s'eſt pas diſſout par ce menſtrue, conſerva la forme d'un petit filament rouſſeâtre.

Septieme Expérience.

Une autre portion fut jettée dans de l'eau de chaux très-concentrée & filtrée ; elle y fut bientôt diſſoute entiérement, ſans altérer en rien la tranſparence de la liqueur ; l'odeur de carie & d'alkali volatil, fut beaucoup plus ſenſible que dans l'Expérience précédente.

Huitieme Expérience.

Enfin, ce qui nous reſtoit fut jetté ſur des charbons ardens ; ſa combuſtion reſſembla à celles des gelées animales.

Neuvieme Expérience.

La poudre de Carie, qui avoit été en digeſtion dans notre acide vitriolique, avoit été lavée avec de l'eau diſtillée, & miſe à ſécher entre deux papiers; lorſqu'on mêla à une portion de cette poudre, de l'alkali fixé en liqueur, il ne s'en exhala plus aucune odeur, ni de Carie ni d'alkali volatil.

Dixieme Expérience.

Sur une autre portion de cette poudre légérement humectée, on mêla de la chaux; il ne s'en exhala non plus aucune odeur.

Il ſuit delà que l'acide vitriolique préſenteroit encore un moyen de détruire la Carie, mais jamais il ne prévaudra ſur la chaux, parce que d'abord il ſeroit infiniment plus diſpendieux, & qu'en outre il exigeroit une infinité de tatonnement pour ſe le procurer au dégré juſte, pour opérer la diſſolution du ſel de Carie, ſans courir le riſque de réduire en charbon le Grain qu'on voudroit en débarraſſer.

Ici il se présente une suite de Phénomênes à expliquer. Pour quoi l'acide vitriolique cesse-t-il d'être effervescent ? comment se comporte-t-il à l'égard du sel que nous cherchons à reconnoître ?

Il est de fait que cette acide s'empare en entier de ce sel singulier qui communique à la Carie toutes ses propriétés, puisque la poudre qui y est restée en infusion, après avoir été bien lavée, ne donne plus aucune odeur, ni de Carie ni d'alkali volatil, lorsqu'on la mêle avec les agens les plus propres à en manifester la présence.

Il est certain aussi que l'acide vitriolique qui a été en infusion sur cette poudre, y a perdu une partie de ses propriétés, puisque sa saveur acide a été très-sensiblement diminuée, & que quand il a eu déposé une portion de cristaux, il n'a pas même recouvré entiérement sa saveur. La présence de ce sel en plus ou moins grande quantité suffit donc pour expliquer les différens dégrés de saveur de l'acide vitriolique dans cette circonstance.

D'un autre côté, si cet acide, de même que tous les autres, comme nous le verrons plus bas, est un puissant dissolvant du ſel de Carie, il eſt conſtant qu'il ne le décompoſe pas, puiſque ſoit qu'il en ſoit ſurchargé, & avant qu'il ait dépoſé des criſtaux, ou lorſqu'ils ſe ſont raſſemblés & ont formé des maſſes au fond du flacon, il ne s'en exhale aucune odeur; que ce n'eſt que l'alkali fixe ou la chaux qui ajouté dans cette liqueur, ou mêlé avec les criſtaux, en operent la décompoſition, & font reparoître ſur le champ l'odeur de Carie & d'alkali volatil.

Ce ſel qui s'eſt préſenté ſous une forme ſi ſinguliere, eſt donc un vrai ſel neutre, dont l'alkali volatil eſt une des baſes. Chacun ſait que l'acide phoſphorique & pluſieurs de ſes modifications combinées avec l'alkali volatil donnent des ſels qui affectent une forme mucilagineuſe & qui ſont déliqueſcens. Pluſieurs de ces ſels brûlent à la maniere des ſubſtances animales; celui de Carie nous a préſenté les mêmes Phénomênes, ſa combinaiſon eſt ſi intime, que quand il a été bien lavé, il a le goût de colle de Flandres. Dans cet état il reſte toujours inſoluble dans l'eau; mais dans une liqueur ſaline par elle-même, telle que la ſalive, il ſe laiſſe diſſoudre, & il a cela de commun avec plusieurs sels neutres, tels que la crême de tartre, le blanc d'œuf, &c.

Lorsque l'on traite ce sel avec de l'eau de chaux & l'alkali fixe, il ne faut pas croire qu'il s'y dissout; il y éprouve une vraie décomposition, puisqu'un de ses principes s'en dégage en entier.

L'acide vitriolique qui a servi dans cette opération n'a t-il perdu sa propriété effervescente, que parce qu'il tient ce sel en dissolution, ou parce qu'il a éprouvé une altération, une modification particuliere? tout nous porteroit à croire qu'il lui est arrivé ici la même chose, que quand il est combiné dans l'alun; on sait qu'il y est avec excès, & cependant incapable de faire effervescence avec les alkalis: enfin, nous observons qu'en versant une portion de notre acide vitriolique chargé de sel de Carie dans de l'eau distillée, il n'y a eu aucune décomposition, malgré l'insolubilité de cé sel, lorsqu'il s'est déposé en cristaux, & cela parce que dans cet état il résulte de trois principes, savoir, son acide constituant, l'alkali volatil & l'acide vitriolique; les exemples de pareils sels ne sont pas rares.

§ V I.

Examen de la Carie par l'acide nitreux.

Premiere Expérience.

Dans le même apareil que nous avons indiqué dans la section précédente, nous avons versé sur six onces de poudre de Carie une livre d'acide nitreux à trente-six dégrés, sur le champ il s'en est dégagé une très-grande quantité de fluide élastique qui étoit accompagné d'un très-grand mouvement d'effervescence.

Seconde Expérience.

Après avoir filtré la liqueur qui avoit acquise une couleur très-rousse, & qui avoit dissout en entier la poudre de Carie, nous avons versé sur une portion, de l'alkali fixe, qui y a excité une effervescence très-sensible, sans être accompagné d'odeur de Carie ni d'alkali volatil.

Troisieme Expérience.

Dans une autre portion de cette liqueur,

queur, nous avons ajouté un peu de chaux, qui y a produit les mêmes effets.

Quatrieme Expérience.

Ce qui nous restoit de cette liqueur, fut mis en évaporation dans une capsule de verre; la liqueur évaporé jusqu'à un certain point, déposa, en refroidissant, une assez grande quantité de cristaux roux, qu'il ne nous a pas été difficile de reconnoître pour des cristaux d'acide saccharin.

Cinquieme Expérience.

Nous avons ensuite procédé à l'examen du fluide élastique, qui s'étoit dégagé pendant la combinaison de notre acide nitreux avec la poudre de Carie; & par toutes les épreuves auxquelles nous l'avons soumis, nous avons reconnu qu'il étoit du véritable gaz nitreux.

L'acide saccharin que nous retrouvons ici, ne paroît devoir jetter aucun jour sur l'objet de nos recherches, puisqu'il est maintenant reconnu que l'acide nitreux a la propriété de ramener à cet état l'acide végétal & l'acide animal. En effet, le ſucre, les fécules, le gluten, la laine, la ſoie, &c. en fourniſſent également. Il peut donc être fourni dans cette circonſtance par la décompoſition de notre ſel de Carie, & par celle de la poudre de Carie ; on ſait que l'acide nitreux diſſout en entier la plus grande partie des ſubſtances végétales & animales ; & le gaz nitreux que nous en avons obtenu, n'eſt dû qu'à la réaction de cet acide ſur notre poudre de Carie, qu'il a décompoſé, d'où il ſuit qu'aucun réactif n'a dû ramener, dans cette liqueur, l'odeur de Carie ni d'alkali volatil.

§. VII.

Examen de la Carie par l'acide marin.

L'acide marin, mis en digeſtion ſur la Carie, avec toutes les précautions dont nous avons uſé pour les Expériences des paragraphes précédens, s'eſt comporté abſolument comme l'acide vitriolique.

Premiere Expérience.

Lorſqu'on ajoute de l'alkali fixe dans

une portion d'acide marin, qui a été en digeſtion ſur la poudre de Carie, il s'en dégage ſur le champ une odeur bien ſenſible de Carie & d'alkali volatil.

Seconde Expérience.

Mais cette odeur eſt infiniment plus forte & plus infecte, lorſqu'on ajoute à cette même liqueur de la chaux.

Troiſieme Expérience.

En examinant la Carie qui étoit reſtée ſur le filtre par l'intermede de l'alkali & de la chaux, nous avons obſervé qu'elle avoit été entiérement épuiſée; puiſqu'il ne s'y manifeſtoit plus d'odeur ni de Carie ni d'alkali volatil.

Quatrieme Expérience.

Comme dans toutes les Expériences qui ont précédées, il ne nous a pas été poſſible de nous procurer l'alkali volatil, débaraſſé de l'odeur de Carie, à laquelle il paroît très-intimement combiné, nous avons cru devoir tenter un nouveau moyen pour le réduire en ſel ammoniac, & nous le procurer ainſi dans ſon état de pureté. Pour cela, nous avons verſé ſur trois onces de Carie introduite dans une cornue bien luttée, à peu près une once & demie d'acide marin, & nous avons diſpoſé l'appareil, de maniere à pouvoir recueillir les différens produits qui devoient ſe dégager pendant cette opération. Les vaiſſeaux échauffés inſenſiblement, il commença à paſſer des bulles d'air, qui ſe ſuccéderent lentement, tant que dura le ſecond dégré de chaleur, & pendant tout ce temps, il tomboit dans le récipien des gouttes d'une liqueur ambrée.

Le feu ayant été augmenté, il s'eſt élevé de la cornue une grande quantité de vapeurs jaunâtres qui ſe ſont condenſées en une huile noire légere; pendant tout le temps qu'à paſſé cette portion d'huile empireumatique il ne s'eſt point dégagé de fluide gazeux, & le vuide ne s'eſt jamais formé dans le temps même où on ſupprimoit le feu tout-à-coup.

Lorſque les produits ceſſerent de paſſer, le feu fut pouſſé juſqu'à faire rougir la cornue, qu'on entretint à ce dégré de chaleur pendant environ deux heures, après quoi on laiſſa refroidir les vaiſſeaux.

Cinquieme Expérience.

La petite portion de fluide aériforme, qui s'étoit dégagée dans les premiers inſtans de l'expérience, fut examinée : lorſqu'on y plongea une bougie, il s'enflamma & brûla à la maniere de l'air inflammable.

Sixieme Expérience.

Nì le ſirop de violette, ni l'acide marin plongé dans le matras, n'y manifeſterent point la préſence de l'alkali volatil en expenſion dans ſon athmoſphere; il en fut de même de la liqueur ambrée qu'il contenoit, qui avoit une forte odeur empireumatique, ainſi que l'huile qui la ſurnageoit.

Septieme Expérience.

L'alkali fixe en liqueur, ainſi que la

chaux ajoutée dans cette liqueur ambrée, en dégagerent l'un & l'autre une odeur de Carie mêlée d'alkali volatil beaucoup plus fétide dans la portion où on avoit ajouté de la chaux.

Huitieme Expérience.

Nous fimes évaporer ce qui nous restoit de cette liqueur ambrée, elle s'est épaissie sans vouloir donner de cristaux, & le magma qui en est résulté, a attiré puissamment l'humidité de l'athmorphere.

Neuvieme Expérience.

Ayant cassé la cornue, nous n'avons trouvé aucunes substances salines sublimées à son col, le résidu formoit une masse noire peu odorante, dont la saveur étoit très-acide.

L'addition de la chaux sur une portion de ce résidu, n'en a point dégagé d'alkali volatil.

L'acide marin s'est donc comporté à plusieurs égards avec la Poudre de Carie comme l'acide vitriolique; il a perdu sa propriété de faire effervescence; il n'a acquis aucune odeur particuliere; il a dépouillé abſolument la Poudre de Carie de tout ſon ſel; il ne l'a point décompoſé, puiſque l'addition de la chaux ou de l'alkali fixe, manifeſtoit ſur le champ l'odeur de Carie & d'alkali volatil.

Quant à l'air inflammable que nous avons obtenu par la diſtillation, ce produit eſt ordinaire à toutes les ſubſtances qui ſe rapprochent de l'état charbonneux dans quelques circonſtances que ce ſoit. L'huile empireumatique legere, que nous a conſtamment fournie la Carie, ne différoit des autres huiles de la même eſpece qu'on obtient des ſubſtances végétales, qu'en ce que ces dernieres ſont toujours en partie lourdes & en partie légeres; il paroîtroit d'après cette obſervation, que le Bled en ſe cariant, éprouveroit une modification particuliere qui le rapprocheroit de l'animaliſation.

L'odeur d'alkali volatil, que la chaux & l'alkali fixe ont manifeſtée dans le phlegme que notre huile ſurnageoit, n'étoit due qu'au ſel de Carie qui a paſſé en entier à la diſtillation, puiſque le résidu trouvé dans la cornue ne contenoit plus du tout d'alkali volatil.

§. VIII.

Analyse de la Poudre de Carie par l'Acide phosphorique.

Nous avons procédé à l'analyse de la Carie avec l'Acide phosphorique de la même maniere & par les mêmes moyens que dans les analyses précédentes ; malgré tous nos efforts, cet agent, de même que celui dont nous parlerons dans le Paragraphe suivant, a paru être absolument sans action sur cette matiere ; ainsi nous nous bornerons à rendre compte succinctement des diverses tentatives que nous avons faites.

Expériences.

Malgré une infinité d'infusions répétées dans cet acide, soit à froid, soit à chaud, il ne nous a présenté d'autres signes de dissolubilité que ceux que nos infusions & nos décoctions à l'eau pure nous avoient offerts ; d'où nous croyons être en droit de conclure que la légere odeur qu'avoient contractée ces infusions, n'existoit que dans l'eau qui servoit d'excipien à notre acide, puisque la distillation de ce mêlange nous a présenté absolument les mêmes faits que ceux dont nous rendrons compte quand nous traiterons de la Carie distillée seule; delà nous nous croyons en droit de conclure que cet acide est asolument sans action sur la Carie.

§. I X.

Analyse de la Carie par l'Acide saccharin.

De même que l'Acide phosphorique, cet Acide avoit été dissous dans l'eau distillée ; il fut employé sur la Poudre de Carie dans les mêmes vaisseaux, & avec les mêmes précautions que les Acides précédens.

Expérience.

Il se comporta absolument comme l'Acide phosphorique, c'est-à-dire, qu'il fut sans action marquée sur la Poudre de Carie, de quelque maniere qu'il ait été traité par ce moyen.

Qu'il nous ſoit permis d'haſarder ici quelques réflexions qui nous paroiſſent découler naturellement de ce défaut d'action de l'Acide phoſphorique, & de l'Acide ſaccharin ſur le ſel, principe eſſentiel de la Carie; ce ſel, comme nous l'avons déja dit plus d'une fois, réſulte d'une baſe alkaline bien connue & d'un Acide que nos expériences précédentes nous ont mis à même de regarder comme de la nature, ou au moins comme une des modifications de l'Acide phoſphorique. La plupart des Chimiſtes regardent l'Acide ſaccharin comme une maniere d'être particuliere, & d'autres comme le principe élémentaire de l'Acide phoſphorique : or dans l'une ou l'autre hypotheſe, il n'y a pas de raiſon pour que cet Acide ſaccharin, non plus que l'Acide phoſphorique, décompoſent un ſel dont ils ſeroient l'une des baſes. Nous n'entendons cependant point vouloir aſſurer que ce défaut d'action de ces deux Acides ſur le ſel de Carie ſoit une démonſtration ſuffiſante de la nature de cet Acide. C'eſt par cette raiſon que nous n'avons pas cru devoir nous en tenir là, & que nous avons continué nos travaux analytiques, par tous les autres moyens dont nous allons rendre compte.

§. X.

Analyse de la Carie par le Vinaigre.

La Poudre de Carie fut traitée enfin par l'Acide du Vinaigre avec les mêmes précautions & les mêmes appareils cités dans les Paragraphes précédens.

Pendant les 24 heures qu'une livre de Vinaigre distillé est restée en digestion sur deux onces de Poudre de Carie, il ne s'est point fait aucun dégagement de vapeurs élastiques. La liqueur n'a point acquis de couleur, & son odeur n'a point paru sensiblement altérée.

Une pareille quantité de Vinaigre versée sur la même Poudre, ne paroissoit différer en rien au bout de 48 heures de celui de la premiere infusion.

Premiere Expérience.

Dans une portion du Vinaigre de la

premiere infuſion, l'addition de l'alkali fixe en liqueur y développa ſur le champ une odeur ſenſible de Carie mêlée d'alkali volatil ; de même que l'Acide vitriolique & l'Acide marin, cet Acide, après les infuſions, avoit perdu ſa propriété efferveſcente avec les alkalis.

Seconde Expérience.

Nous avons enſuite ajouté un peu de chaux dans une autre portion de Vinaigre de la même infuſion ; nous avons obſervé les mêmes phénomenes, avec cette différence cependant, que l'odeur de Carie & d'alkali volatil, étoit infiniment plus forte.

Troiſieme Expérience.

La chaux, & l'alkati fixe, ajoutés dans le Vinaigre de la ſeconde infuſion, nous ont fait connoître qu'il avoit éprouvé une altération moins ſenſible, puiſqu'il avoit conſervé ſa propriété efferveſcente ; mais quant au dégagement de l'odeur de Carie & d'alkali volatil, qui a été bien moins ſenſible que dans les deux expériences précédentes, il a toujours été plus marqué par la chaux, que par l'alkali fixe.

Quatrieme Expérience.

Une partie de notre Poudre de Carie, qui avoit ſervie à la premiere infuſion par le Vinaigre, après avoir été bien lavée à l'eau diſtillée, avoit perdu l'odeur qui lui eſt propre, & même celle d'amidon humide. En verſant deſſus quelques gouttes d'alkali fixe, il ne s'en dégagea aucune odeur ſenſible de Carie ni d'alkali volatil, mais l'addition de la chaux y rappelloit ces odeurs preſqu'auſſi ſenſiblement que dans la Poudre de Carie, qui n'a ſubi aucune préparation; lorſqu'il a éprouvé la ſeconde infuſion, ni l'un ni l'autre de ces agens n'y développerent plus aucune odeur.

Cet acide épuiſe donc complétement la Carie de ſon ſel, en le diſſolvant à la maniere de l'acide vitriolique & de l'acide marin, puiſque comme eux, & par les mêmes raiſons il ceſſe d'être effervescent. Nous ne répéterons point ici tout ce que nous avons déja dit dans les Paragraphes 5 & 7, vu que les mêmes réactifs ont opéré les mêmes phénomenes; nous nous contenterons d'obſerver, qu'à l'exception de l'acide nitreux qui décompoſe le ſel de Carie, & des acides phoſphorique & ſaccharin, qui par leur nature, paroiſſent n'avoir aucune action ſur lui, tous les autres acides ſont ſes diſſolvans.

Ne pouvant point regarder la tranſformation de l'acide, baſe de notre ſel de Carie en ſel ſaccharin, comme un moyen propre d'en déterminer la nature, nous avons cru devoir le traiter par d'autres agens, & tâcher de reconnoître les eſpeces de ſels neutres qui doivent réſulter de ſon union avec des baſes alkalines autres que l'alkali volatil reconnu un de ſes principes conſtituans; c'eſt ce qui nous a donné lieu de faire les différentes tentatives dont nous allons rendre compte.

§. XI.

Examen de la Poudre de Carie par l'Alkali fixe.

Pour diminuer ce que pourroit avoir

de faſtidieux la répétition des phénomenes que nous avons obtenus dans l'analyſe de la Carie par les alkalis fixes non cauſtiques & cauſtiques, nous nous bornerons ſimplement à rendre compte de ce que nous avons obſervé, en employant l'alkali fixe végétal, vu que nous n'avons remarqué aucune différence notable lorſque nous avons répété les mêmes expériences avec l'alkali fixe minéral.

Premiere Expérience.

Nous avons pris ſix onces de poudre de Carie & environ douze onces d'alkali fixe en liqueur; ce mêlange fait dans l'appareil pneumato-chimique exala, après une digeſtion de 24 heures, une odeur ſenſible d'alkali volatil, & ne nous a produit aucun dégagement de fluide aériforme; la liqueur filtrée avoit acquis une couleur rouſſe, mais la Poudre n'avoit point été entiérement dépouillée de ſon odeur, ce qui nous obligeat de revenir, juſqu'à quatre fois, à faire la même opération avec de nouvel alkali fixe.

Nous avons voulu nous assurer si l'alkali fixe, aidé de la chaleur, épuiseroit plus promptement la Poudre de Carie. Nous avons observé qu'il falloit à-peu-près la même quantité d'alkali fixe pour opérer cet épuisement complet, la seule chose qu'on gagnoit, c'est que l'opération duroit moins.

Seconde Expérience.

Pour nous assurer que cette Poudre de Carie, traitée par les alkalis à froid ou à chaud avoit été épuisée, nous avons employé successivement différens acides que nous avons versés dessus, après avoir eu soin de les bien laver à l'eau distillée; & nous avons observé qu'il n'y avoit aucune espece de réaction.

Troisieme Expérience.

Dans chacun des acides, que nous avions employés pour l'expérience précédente, nous avons jetté un peu de chaux qui n'en a point dégagé d'alkali volatil.

Quatrieme Expérience.

Il en a été de même, lorsque nous avons

avons ajouté de la chaux à une portion de notre Poudre de Carie épuiſée.

Cinquieme Expérience.

Nos deux infuſions, ſoit à chaud, ſoit à froid, combinées avec les acides, ont donné des ſignes d'effervefcence.

Sixieme Expérience.

Ces liqueurs évaporées ont refuſé de criſtalliſer.

Septieme Expérience.

Lorſque nous avons verſé quelques goutes de ces liqueurs ſur une diſſolution de fer par l'acide vitriolique, il s'eſt formé un précipité orangé.

Huitieme Expérience.

Nous avons voulu pouſſer plus loin ce travail : après avoir mis partie égale de Carie & d'alkali fixe dans une cornue luttée & armée d'un ſiphon répondant à la cuve pneumato-chimique, nous avons procédé à sa distillation; dès le second dégré de chaleur, il se dégagea une très-grande quantité de fluide aériforme, en même temps qu'il passoit dans le récipient quelques goutes d'une liqueur rousse.

Au troisieme dégré, le fluide aériforme recommença à se dégager avec abondance, & il est passé en même temps dans le récipient une huile noire légere, qui a continué à y couler long-temps, après que le fluide gazeux avoit cessé de se dégager.

Quand nous nous apperçumes qu'à ce dégré de chaleur, nous n'obtenions plus aucuns produits, nous avons poussé le feu jusqu'à faire rougir nos vaisseaux, & nous ne l'avons laissé tomber qu'après nous être assuré que nous n'obtiendrions plus rien.

Neuvieme Expérience.

En plongeant dans l'atmosphere de notre récipient du syrop de violettes contenu dans une capsule, nous l'avons vu sur le champ altéré en verd.

Dixieme Expérience.

Nous avons enſuite procédé à l'examen de la liqueur rouſſe, qui, ainſi que l'huile noire légere, avoit une forte odeur empireumatique ; elle altéra en verd le ſyrop de violette, mais elle ne fit point efferveſcence avec les acides, & la chaux n'en dégagea pas une plus grande quantité d'alkali volatil.

Onzieme Expérience.

Une bougie plongée dans le gaz recueilli dans notre récipient pneumato-chimique l'enflamma, & il brûla à la maniere de l'air inflammable.

Douzieme Expérience.

La cornue avoit été légérement déformée. Le réſidu étoit une maſſe noire, ſur laquelle nous verſames un peu d'eau diſtillée, qui y excita ſur le champ un tel dégré de chaleur, qu'on ne pouvoit tenir la main ſur ce vaiſſeau ; pendant cette réaction il ne ſe dégagea aucun fluide élaſtique.

F ij

La cornue, diſpoſée de maniere à pouvoir ſoutenir long-temps un très-grand coup de feu, y fut expoſée ; dès le ſecond dégré de chaleur, il ſe dégagea, comme dans la premiere diſtillation & dans le même ordre, 1°. du fluide gazeux, 2°. une liqueur ambrée. Les choſes ſe paſſerent auſſi de même au troiſieme dégré de chaleur, & lorſque ces produits ceſſerent de paſſer, nous voulumes pouſſer le feu, mais la cornue & ſon lut entrerent en fuſion, ce qui nous contraignit d'en reſter là. Nous devons obſerver qu'avant de donner le troiſieme dégré de chaleur, nous avions eu l'attention de changer le récipient pneumato-chimique, afin de juger s'il ne ſe trouveroit pas de différence dans les produits aériformes.

Treizieme Expérience.

Par l'examen que nous avons fait de la liqueur ambrée & de l'huile empireumatique, nous avons reconnu que ces produits ne différoient de ceux de la premiere diſtillation, qu'en ce qu'ils étoient moins odorans & moins alkalins.

Quatorzieme Expérience.

Le fluide gazeux, obtenu au ſecond dégré de chaleur, a éteint la bougie qu'on y a plongée; lavé à l'eau de chaux, il a diminué d'un quart, & le reſte de ce gaz éteignoit encore les lumieres, & étoit plus léger que l'air atmoſphérique.

Quinzieme Expérience.

Celui provenant du troiſieme dégré de chaleur, ne nuiſoit point à la combuſtion, & n'a nullement altéré l'eau de chaux dans laquelle on l'a lavé.

Seizieme Expérience.

Ce qui étoit reſté dans notre cornue n'exhaloit aucune odeur particuliere. Nous en avons trituré une partie avec de la chaux légérement humectée; ſur le champ, l'odeur de Carie & d'alkali volatil eſt devenue très-ſenſible.

Sur le reſte, nous avons verſé de l'eau, & nous avons obſervé que ce dégré de chaleur étoit auſſi fort pendant cette combinaiſon, que quand nous avons ajouté un peu d'eau dans notre cornue, avant de procéder à notre ſeconde diſtillation.

Nous avons à rendre compte des phénomenes que nous avons obſervés en traitant la Poudre de Carie, ſoit en la faiſant infuſer ou bouillir dans l'alkali fixe, ſoit en la ſoumettant à la diſtillation avec le même agent, mais dans l'état de ſiccité.

Et d'abord, il réſulte de ce qui s'eſt paſſé dans notre premiere Expérience, qu'il faut une très-grande quantité d'alkali fixe en liqueur pour épuiſer la Carie, ſoit par la voie des infuſions longues, & ſouvent répetées, ſoit par la décoction; ce qui ſera toujours une raiſon de ne point admettre ce moyen, quelqu'efficace qu'il puiſſe être, pour la préparation des Grains, puiſque, outre qu'il exige des manipulations longues & minutieuſes, il ſeroit infiniment plus diſpendieux que le procédé que nous avons indiqué dans le Chapitre ſecond.

L'alkali fixe n'agit point ici à la maniere des acides vitrioliques, marins & acéteux, qui ſont devenus les diſſolvans de notre ſel de Carie, puiſqu'il le décompoſe, & que pendant ſon action ſur lui, l'alkali volatil ſe dégage, & qu'aucun moyen ne peut le faire reparoître ni dans la Poudre ni dans les infuſions, & qu'il n'a pas même perdu ſa propriété effervescente. Ce ſel qui eſt réſulté de la combinaiſon de l'acide du ſel de Carie avec l'alkali fixe, a conſtamment refuſé de criſtalliſer, & en cela il s'eſt rapproché de tous les ſels phoſphoriques à baſe alkaline; & ce qui annonceroit encore l'analogie de l'acide du ſel de Carie avec l'acide ſaccharin & l'acide phoſphorique, l'une de ſes modifications, c'eſt que, comme eux, il précipite le fer en jaune orangé.

Quant aux produits obtenus de la Poudre de Carie dans la diſtillation avec l'alkali fixe, nous obſervons d'abord, que le réſidu reſté dans notre cornue, n'étoit point épuiſé, ce qui prouve, comme nous l'avons déja dit plus haut, qu'il faut une très-grande quantité d'alkali fixe, qu'il ſoit long-temps en réaction ſur la Carie, pour opérer en entier la décompoſition de ſon ſel.

Les fluides gazeux que nous avons obtenus dans nos deux diſtillations, nous ayant préſenté des différences remarquables, nous les conſidérerons ſéparément; quant aux autres produits, comme ils ont été abſolument les mêmes dans l'une & l'autre diſtillation, au dégré d'intenſité près, nous ne les diſtinguerons pas.

L'alkali volatil trouvé dans le balon, étoit le produit de la décompoſition du ſel de Carie par le moyen de l'alkali fixe, & il étoit-là à l'état de gaz alkalin, quoique nos vaiſſeaux fuſſent entiérement refroidis. Ce phénomene nous paroît digne de remarque, vu qu'il eſt conſtant que, dans la décompoſition des ſels ammoniacaux par l'alkali fixe, ce gaz alkalin n'a lieu que tant que les vaiſſeaux ſont chauds, tandis qu'il eſt permanent lorſqu'on opere la décompoſition de ces mêmes ſels par l'alkali fixe cauſtiqué. Cette obſervation porteroit donc à croire que la poudre de Carie, réagiroit dans cette occaſion ſur l'alkali fixe, de maniere à le cauſtifier en partie, puiſque le réſidu trouvé dans la cornue, étoit encore effervefcent. Seroit-ce en raiſon d'une réaction particuliere de la poudre de Carie sur l'alkali fixe, que l'addition de l'eau a déterminé dans le résidu, à deux reprises différentes, un dégré de chaleur aussi considérable que celui qu'on observe dans la chaux humectée, qui s'éteint à l'air libre? L'Analogie de cet alkali, ainsi modifié par la poudre de Carie avec la chaux, ne se borne pas là; car, comme elle, lorsqu'on le plonge en entier sous l'eau, il s'y dissout de la même maniere, & sans manifester aucun signe de chaleur; & ce qui prouveroit encore que notre alkali fixe a été ici caustifié, c'est que le phlegme alkalin, qui altéroit en verd le sirop de violettes, n'étoit pas effervescent.

Nous n'insisterons point sur ce phlegme, ni sur l'huile qui le surnageoit, vu que ces produits ont été constamment les mêmes dans toutes nos distillations. Nous allons simplement chercher à découvrir pourquoi, le gaz obtenu de la premiere distillation, étoit de l'air inflammable pur; tandis que dans la seconde, nous avons obtenu successivement, 1°. un mêlange d'un quart d'air fixe, sur trois quarts de mofette; 2°. du véritable air atmosphérique.

Et d'abord, quant à l'air inflammable de la premiere distillation, nous croyons qu'on doit le regarder comme un produit semblable à celui qu'on obtient de la plus part des substances végétales, qui passent à l'état de charbon ; le mêlange d'air fixe & de mofette, ainsi que l'air atmosphérique obtenu dans la seconde distillation, sont produits également & dans le même ordre, lorsqu'on distille ensemble de la chaux humectée & du charbon ; dans ce dernier cas, sans la présence de la chaux, l'addition de l'eau sur le charbon ne procureroit que du gaz inflammable ; mais la causticité communiquée à notre alkali, dans cette opération, le rapproche de l'état de la chaux ; & c'est sans doute pour cette raison que les produits gazeux se présentent dans le même ordre, & sont de la même nature que ceux qu'on obtient dans l'Expérience que nous citons, pour expliquer le phénomene dont nous rendrons compte.

§. XII.

Examen de la Poudre de Carie par l'Alkali caustique.

Premiere Expérience.

L'action de l'alkali caustique, soit à froid, soit à chaud, sur la poudre de Carie, fut bien plus prompte; & pour l'épuiser, il en fallut une bien moindre quantité que d'alkali fixe; en effet, sur six onces de Carie, nous avons versé vingt onces d'alkali caustique très-clair & sans couleur, sur le champ il s'exhala une odeur d'alkali volatil, bien plus sensible que dans la premiere Expérience du paragraphe précédent. Pendant tout le temps que dura l'infusion, il ne se dégagea aucun fluide élastique.

Seconde Expérience.

Après avoir filtré la liqueur, nous avons voulu reconnoître si la Poudre de Carie, bien lavée à l'eau distillée, étoit entiérement épuisée. Pour cela, nous avons procédé à ſon examen par les acides & la chaux. Nous avons obſervé que les premiers de ces agens ne s'étoient point combinés avec l'alkali volatil, & que le dernier n'en dégageoit point.

Troiſieme Expérience.

La liqueur cauſtique, qui avoit ſervi à cette infuſion, & qui avoit acquis une couleur d'un brun foncé, n'avoit, non plus que l'alkali fixe qui avoit ſervi à la même opération, aucune odeur de Carie; & elle conſervoit la propriété d'altérer en verd le ſirop de violettes. Nous avons employé ſucceſſivement divers acides, dont aucun n'a produit d'efferveſcence. Nous obſerverons ſeulement relativement à l'acide vitriolique, que dans l'inſtant où nous l'avons mêlé à une portion de cette infuſion, il s'en eſt dégagé ſur le champ une odeur de foie de ſoufre très-ſenſible.

Quatrieme Expérience.

Les différentes combinaiſons des acides minéraux & végétaux avec cet alkali cauſtique, qui avoient épuiſé la Poudre de Carie, ont conſtamment refuſé de donner des criſtaux, quelques ſoins que nous ayons pris dans leurs évaporations.

Cinquieme Expérience.

En faiſant tomber quelques goutes de diſſolution de vitriol de Mars, dans une partie de notre infuſion, il s'y forma à l'inſtant un précipité de couleur aurore; tandis que quand on fait la même Expérience, dans de l'alkali cauſtique pur, ce précipité eſt d'une couleur brune.

Sixieme Expérience.

Nous avons enſuite mis dans une cornue, partie égale de poudre de Carie & d'alkali cauſtique concret; & après avoir arrangé notre appareil de maniere à recueillir, à l'aide de la cuve pneumato-chimique, les différens produits aériformes, nous avons procédé à cet Analyſe, dont les produits ſe ſont trouvés être abſolument les mêmes que ceux qui nous ont été fournis par la diſtillation avec la chaux, & dont nous rendrons compte dans le paragraphe ſuivant. Nous nous contenterons d'obſerver ici que l'alkali cauſtique eſt un des diſſolvans puiſſans de la Carie. C'eſt donc avec raiſon que, dans la recette publiée par ordre du Gouvernement, on lui attribue cette propriété : le ſeul motif qui nous détermine à lui préférer la chaux, qui, comme lui, décompoſe le ſel de Carie, c'eſt que les manipulations qu'elle exige ſont plus ſimples, & qu'elle coute infiniment moins. Ce qui prouve que ce ſel de Carie eſt ici intimement décompoſé par l'alkali cauſtique, c'eſt que cette liqueur ne conſerve aucune odeur, & qu'aucun agent ne peut en dégager d'alkali volatil; car il faut bien ſe donner de garde de confondre l'odeur de foie de ſoufre, que l'addition de l'acide vitriolique y a développée, avec celle d'alkali volatil. Le foie de ſoufre, formé pendant ce mêlange, n'eſt dû vraiſemblablement qu'à la combinaiſon de l'acide vitriolique avec une portion de la matiere colorante de notre infuſion, qui, en le phlogiſtiquant, en a formé du ſoufre, que la préſence de l'alkali cauſtique fait paſſer ſur le champ à l'état d'hépar.

La couleur aurore que prend le fer précipité par cette infusion, où le sel de Carie a été décomposé, prouve encore l'Analogie de l'acide constituant ce sel avec l'acide, phosphorique.

§. XIII.

Analyse de la Carie par la chaux.

On se rappelle que toutes les fois qu'on a mêlé de la poudre de Carie avec de la chaux éteinte & légérement humectée, l'odeur de la poudre de Carie s'exaltoit constamment, & le dégagement de l'alkali volatil devenoit sensible. On se rappelle aussi que nous avons fait voir, dans le premier Chapitre de cet Ouvrage, que le meilleur de tous les correctifs de la Carie, étoit la chaux. Ces considérations nous ont engagé à multiplier les Expériences avec cet agent.

Premiere Expérience.

Dans un très-grand bocale, nous avons mis six onces de poudre de Carie & douze onces de chaux éteinte, sur le champ il s'en eſt dégagé un gaz alkalin très-abondant, mais qui différoit de celui qu'on obtient par la décompoſition des ſels ammoniacaux, en ce qu'il étoit beaucoup moins fugace, & qu'il nous a paru plus peſant que l'air atmoſphérique, ce qui nous a permis de pouvoir faire les Expériences ſuivantes.

Seconde Expérience.

Nous avons plongé dans ſon atmoſphere, du ſirop de violettes, étendu d'eau, contenu dans une capſule; il y prit ſur le champ une couleur verte.

Troiſieme Expérience.

De l'eau diſtillée, contenant quelques goutes de diſſolution de cuivre, par l'acide nitreux, y eſt devenue promptement d'une très-belle couleur bleue.

Quatrieme Expérience.

Des tubes de verre, humectés d'acide marin, ont été recouverts, en peu de temps, de petits criſtaux en barbes de plumes.

Cinquieme

Cinquieme Expérience.

Nous avons procédé enſuite à l'examen de la poudre de Carie, par l'eau de chaux, au point de ſaturation, exactement filtrée ; pour cela nous avons verſé ſucceſſivement vingt bouteilles de cette eau de chaux ſur ſix onces de poudre de Carie ; dans les premiers inſtans, le dégagement de l'alkali volatil fut très-ſenſible, & s'eſt affoibli progreſſivement & a diſparu promptement. La liqueur qui avoit servie à ces lotions, étoit légérement ambrée.

Sixieme Expérience.

Cette eau de chaux ne conſervoit aucune odeur de Carie ni d'alkali volatil. Elle a cependant éprouvé une altération qui fait qu'elle peut reſter impunément à l'air, ſans ſe couvrir d'iris, & ſans que la craie s'y régénere ſous forme de croute ; cependant lorſqu'on y verſe un alkali fixe, il s'y forme ſur le champ un précipité blanc terreux.

Septieme Expérience.

Pour nous aſſurer que la poudre de

Carie avoit été complétement épuisée par ces lotions à l'eau de chaux, nous avons mis sur une portion de cette poudre épuisée, un peu d'alkali fixe, & sur une autre portion, un peu de chaux éteinte humectée, qui n'en ont dégagé aucune odeur, ni de Carie ni d'alkali volatil.

Huitieme Expérience.

Nous avons mis ensuite, dans différens acides, un peu de cette poudre en infusion; ni par l'évaporation ni par le moyen de la chaux, nous n'avons pu y reconnoître la présence de l'alkali volatil, & nous avons observé aussi que l'eau de chaux n'avoit point fourni de sa terre à la Carie épuisée.

Neuvieme Expérience.

Le reste fut soumis à l'ébultion; & l'eau provenante de cette décoction, n'a point dégagé d'odeur de Carie ni d'alkali volatil par l'addition de la chaux.

Dixieme Expérience.

Dans une cornue, disposée de maniere à nous procurer tous les produits, tant dans un récipient qu'à l'appareil pneumato-chimique, nous avons mis quatre parties de chaux éteinte & légérement humectée, avec une partie de poudre de Carie; au second dégré de chaleur, en même temps qu'il tomboit goutte à goutte dans ce matras une liqueur rousseâtre, il passoit une très-grande quantité de fluide élastique, qui cessa de se dégager long-temps avant que cette liqueur ait cessé de couler.

Lorsque ce dégré de feu ne produisit plus rien, il fut augmenté jusqu'au point de faire rougir la cornue; alors il passa une nouvelle quantité de fluide aériforme, qui fut recueilli dans un autre récipient. Le matras étoit rempli d'une vapeur blanchâtre, qui, en se condensant, se résolvoit en une huile noire légere, qui surnageoit la liqueur rousse; & cette fois, comme la premiere, le fluide élastique cessa de passer long-temps avant cette huile empireumatique. Lorsqu'il ne passa plus rien, on cessa le feu.

Onzieme Expérience.

L'atmosphere du matras étoit un gaz

alkalin, puiſque le ſirop de violettes y fut altéré en verd, & qu'un acide quelconque, agité dans cet atmoſphere, lui a ſur le champ enlevé cette propriété.

Douxieme Expérience.

La liqueur rouſſe étoit auſſi alkaline, puiſqu'elle a également altéré en verd le ſirop de violettes.

Treiſieme Expérience.

Cette liqueur qui n'avoit qu'une odeur empireumatique, laiſſoit cependant dégager une odeur ſenſible de Carie & d'alkali volatil, lorſqu'on y jettoit quelques gouttes d'alkali fixe ou un peu de chaux.

Quatorzieme Expérience.

D'après les diverſes épreuves auxquelles nous avons ſoumis cette huile empireumatique, nous avons remarqué qu'elle ne différoit en rien des huiles empireumatiques animales.

Quinzieme Expérience.

Le fluide élaſtique, contenu dans notre

premier récipient pneumato-chimique, se trouva être du gaz inflammable.

Seizieme Expérience.

Celui contenu dans notre second, n'étoit point inflammable ; il étoit plus léger que l'air atmosphérique, & s'opposoit à la combustion.

Dix-septieme Expérience.

Ayant cassé la cornue, nous trouvâmes le résidu pulvérulent de couleur gris-blanc, & absolument avec le même aspect qu'il avoit avant l'opération. Il n'avoit point d'odeur ni de Carie ni d'alkali volatil ; mais en versant dessus quelques gouttes d'eau distillée, ces deux odeurs s'y manifesterent foiblement, ce qui nous obligeat à y ajouter une assez grande quantité d'eau pour le réduire en une espece de bouillie, & à procéder de nouveau à sa distillation, afin de reconnoître quelle espece de gaz il devoit en résulter.

Au second degré de chaleur, il passa dans le récipient pneumato-chimique une très-grande quantité de fluide gazeux, & dans le matras beaucoup de liqueur légérement ambrée; & ces dégagemens, de même que ceux dont nous allons parler, ont été accompagnés des mêmes circonstances que dans la premiere distillation.

Lorsque ces produits cesserent de passer, nous augmentâmes le feu progressivement jusqu'à faire rougir la cornue; bientôt il se dégageat une nouvelle quantité de fluide élastique, sans qu'il soit rien passé dans le matras. Après avoir soutenu pendant long-temps ce dégré de chaleur, & nous être assuré ainsi que nous n'obtiendrions plus aucun produit, nous avons cessé le feu.

Dix-huitieme Expérience.

Ayant plongé du sirop de violettes, & de l'acide marin dans l'atmosphere du matras, nous avons reconnu qu'il n'étoit point alkalin, & la liqueur légérement ambrée altéroit à peine en verd le sirop de violettes, & ne dégageoit presque point d'alkali volatil, par l'addition de la chaux.

Dix-neuvieme Expérience.

Le Fluide élaſtique contenu dans le premier récipient pneumato-chimique, examiné avec ſoin ſe trouva être de l'air fixe qui éteignoit la bougie, précipitoit l'eau de chaux, altéroit en rouge le ſirop de violettes, & étoit abſorbé par l'eau.

Vingtieme Expérience.

Celui du ſecond récipient ne nuiſoit point à la combuſtion, ne ſe combinoit point à l'eau, ne précipitoit point l'eau de chaux; il avoit donc tous les caracteres de l'air atmoſphérique.

Vingt-unieme Expérience.

Le Réſidu pulvérulent, reſté dans la cornue, n'avoit éprouvé aucune altération ſenſible. Ni l'addition de l'eau ni celle de l'alkali fixe cauſtique, n'en dégagerent point d'odeur de Carie ni d'alkali volatil.

Tous les Chimiſtes ſont d'accord que tous les ſels neutres, dont une des baſes eſt l'alkali volatil, ſont décompoſés par la chaux. Ainſi dès nos premieres tentatives, nous avions la preuve acquiſe, que cette ſubſtance étoit un des principes du ſel que nous cherchions à reconnoître. Mais ce qui paroît fort ſingulier, c'eſt que, la chaux ne ſemble avoir d'action ſur la Carie, qu'autant qu'elle eſt humectée; car on auroit beau mêler de la chaux éteinte avec de la poudre de Carie bien ſeche, il n'y aura aucune réaction; il faut ou que la Carie ſoit humectée avant, ou que la chaux ſoit en état de bouillie, ou enfin qu'on ajoute de l'eau au mélange, pour que les phénomenes de décompoſition aient lieu. Après avoir réfléchi long-temps ſur ce qui pouvoit donner lieu à un fait auſſi ſingulier, ſans avoir pu trouver de raiſons qui nous aient ſatisfaits, nous avons cru devoir multiplier nos obſervations à cet égard; & il en réſulte, qu'il eſt important que la chaux humide reſte long-temps en contact avec la Carie, pour la détruire entiérement, puiſque nous avons ſouvent obſervé, que dans les mélanges de Carie & de chaux qu'on auroit d'abord cru épuiſés, il ſuffiroit d'y rajouter un peu d'eau, pour en dégager de nouveau de l'alkali volatil. Cet effet s'eſt renouvellé toutes les fois que la chaux n'avoit été que foiblement humectée; & il n'a jamais eu lieu, quand le mêlange formoit une bouillie un peu claire. D'après cette obſervation, ſur laquelle nous ne ſommes revenus que parce qu'elle nous paroît très-importante, nous croyons devoir avertir les Cultivateurs, qu'ils doivent obſerver, en enchaulant leur Grain, d'étendre ſuffiſamment leur lait de chaux, pour qu'il reſte aſſez humide, afin d'opépérer la décompoſition entiere du ſel de Carie.

Mais pourquoi le gaz alkalin provenant de la décompoſition du ſel de Carie par la chaux, eſt-il plus peſant & moins fugace que celui des ſels ammoniacaux ordinaires? On ſe rappelle que nous n'avons ceſſé de dire que le dégagement de cet alkali volatil étoit toujours accompagné d'une forte odeur de Carie. Or, ce principe odorant diſſous & combiné avec notre alkali volatil, devoit néceſſairement augmenter ſa peſanteur ſpécifique.

Les phénomenes de la ſixieme expérience, méritent d'être examinés. L'eau qui avoit été employée pour la cinquieme expérience, n'avoit plus les propriétés de l'eau de chaux, puisqu'elle ne formoit plus d'iris à sa surface, que ni l'air libre ni même l'air fixe ne la régénéroient point en terre calcaire. Ce n'étoit donc plus le causticum de la chaux qui la tenoit en dissolution, c'étoit sa combinaison avec l'acide du sel de Carie qui la rendoit soluble; & ce qui prouve qu'elle existoit à l'état de sel soluble, c'est que l'addition de l'alkali fixe l'a précipitée. Comme les phénomenes de la distillation de la Poudre de Carie avec la chaux & l'alkali caustique ont été absolument les mêmes, nous en avons traité en commun; ainsi ce que nous dirons d'une opération, doit s'entendre également de l'autre.

Ici, de même qu'avec l'alkali fixe, nous obtenons successivement & du gaz inflammable & de la mofette; & si le phlegme manifeste des signes d'alkali volatil par l'addition de la chaux, ainsi que le résidu par l'addition de l'eau, quoiqu'ayant éprouvé un dégré de chaleur très-considérable, ce n'est que parce que la chaux employée ſeche, n'avoit point ſuffiſamment réagi ſur le ſel de Carie. Ce qui le prouve, c'eſt que ce réſidu ayant été enſuite étendu d'eau, après avoir été de nouveau ſoumis à la diſtillation, s'eſt trouvé entiérement épuiſé.

Il ne nous reſte plus qu'à préſenter les produits de la Carie par la diſtillation à feu nud: mais, pour ne négliger aucun moyen de nous éclairer ſur ſa nature, nous avons cru, avant d'y procéder, devoir la ſoumettre à l'examen des menſtrues ſpiritueux.

§. XIV.

Analyſe de la Carie par l'Eſprit-de-Vin rectifié.

L'état onctueux de la Poudre de Carie nous a déterminé à chercher à reconnoître ſi elle ne contenoit pas quelques principes réſineux. Pour cela, nous avons choiſi, de préférence, l'Eſprit-de-vin le plus dephlegmé.

Premiere Expérience.

Nous avons mis deux onces de Carie

en digeſtion pendant deux fois vingt-quatre heures, dans une livre d'Eſprit-de-vin; au bout de ce temps, nous avons filtré la liqueur, & ayant reconnu que cette Poudre n'étoit point épuiſée, nous avons mis deſſus, pendant un pareil temps, huit onces de nouvel Eſprit-de-vin; nous avons été obligés de revenir encore deux fois ſur la même digeſtion, & malgré cela, nous ne ſommes point encore venus à bout de l'épuiſer ſi parfaitement, que cette Poudre fourniſſoit encore une légere odeur de Carie mêlée d'alkali volatil, lorſqu'on y ajoutoit, ſoit un peu d'alkali fixe, ou un peu de chaux. Nous avons penſé qu'il étoit inutile de pouſſer ces expériences juſqu'à parfait épuiſement.

Seconde Expérience.

L'Eſprit-de-vin qui avoit été mis en digeſtion ſur la Carie, n'avoit acquis aucune couleur; mais en revanche il exhaloit une odeur de Carie très-ſenſible, lorſqu'on approchoit de l'acide marin, on n'appercevoit point qu'il s'en dégagea de l'alkali volatil.

Troisieme Expérience.

Du syrop de violettes versé dans l'Esprit-de-vin, qui a été en digestion sur la Carie, n'a point été altéré en verd.

Quatrieme Expérience.

En ajoutant sur une portion de cet Esprit-de-vin, soit de l'alkali fixe, soit de la chaux; sur le champ l'alkali volatil s'en dégage sensiblement.

Cinquieme Expérience.

L'acide vitriolique, l'acide marin, & le vinaigre, ajoutés à cet Esprit-de-vin, en supriment de suite l'odeur de Carie.

Sixieme Expérience.

Tous les sels résultans de ces différens acides, sont toujours décomposés par l'alkali fixe & par la chaux qui en dégagent l'alkali volatil.

Ainsi, la maniere d'agir de l'Esprit-de-vin ſur la Carie, differe bien peu de l'action de l'eau, ſeulement il ſe charge un peu plus du principe odorant qu'il exalte. On voit qu'il diſſout une partie du ſel de Carie, puiſque l'addition de la chaux ou de l'alkali fixe en développe ſur le champ l'alkali volatil.

§. X V.

Analyſe de la Carie à feu nud.

Quoique nous convenions avec tous les Chimiſtes, que les produits qu'on retire des ſubſtances végétales & animales par l'analyſe à feu nud, ſont preſque toujours tellement altérés, qu'on ne peut point les regarder comme propres à éclaircir quelques points de théorie, nous n'avons cependant pas négligé ce moyen dans un travail auſſi important que celui auquel nous nous livrons, & cela uniquement dans l'intention de voir ſi ces réſultats auroient quelqu'analogie avec ceux que nous avons obtenus par des moyens beaucoup plus certains, & dont nous avons rendu compte dans les Paragraphes précédens.

Premiere Expérience.

Dans une cornue adaptée à l'appareil pneumato-chimique, nous mîmes quatre onces de Poudre de Carie, à laquelle nous fîmes éprouver progressivement différens dégrés de chaleur. Dès le second dégré, il se dégageat une très-grande quantité de fluide élastique, dont les bulles se succédoient d'autant plus rapidement, que le feu avoit plus d'activité; il se dégageat aussi un phlegme rousseatre auquel succéderent des vapeurs blanchâtres, qui en se condensant, formerent une huile noire légere. Lorsque nous fûmes assurés que nous n'obtiendrions plus aucun produit, puisque depuis une demie-heure il ne se dégageoit plus rien, nous cessâmes le feu, & nous procédâmes à l'examen des produits.

Seconde Expérience.

Le fluide aériforme contenu dans le récipient pneumato-chimique, étoit de l'air inflammable qui différoit du gaz inflammable ordinaire, en ce qu'il n'étoit nullement explosible, qu'il brûloit beaucoup plus lentement, & que sa flamme étoit blanche à peu près comme celle de l'huile.

Troisieme Expérience.

Nous avons voulu nous assurer si l'atmosphere du matras contenoit de l'alkali volatil; mais ni le syrop de violettes ni l'acide marin n'en manifesterent point la présence.

Quatrieme Expérience.

Le phlegme avoit une forte odeur de Carie, sans toute fois être mêlé d'odeur sensible d'alkali volatil; il a altéré en verd le syrop de violettes, mais cette altération pourroit bien n'être dû qu'à la couleur fauve de cette liqueur, qui en se combinant au bleu, forme du verd.

Cinquieme Expérience.

L'addition de l'alkali fixe & de la chaux dans ce phlegme, y développe promptement l'alkali volatil d'une maniere sensible.

Sixieme

Sixieme Expérience.

L'huile empireumatique présentoit absolument les mêmes phénomenes que toutes les huiles de cette espece.

Septieme Expérience.

Le col de la cornue ne contenoit aucun produit salin sublimé ; & quoique la cornue ait éprouvé un commencement de fusion, la Poudre de Carie ne paroissoit avoir souffert aucune altération sensible, si ce n'est que la portion qui en touchoit les parois, paroissoit s'être un peu ramollie & légérement agglutinée.

Huitieme Expérience.

Cette Poudre qui n'exhaloit plus d'odeur sensible de Carie, la reprenoit sur le champ avec le caractere d'alkali volatil, lorsqu'on y ajoutoit ou de l'alkali fixe ou de la chaux.

Nous avons soumis aux mêmes Expériences la Poudre de Carie, que nous avions précédemment traitée à l'eau froide, à l'eau chaude & à l'eſprit-de-vin ; & comme la plupart des réſultats que nous en avons obtenus, différoient peu de ceux dont nous venons de rendre compte, nous croyons ne devoir préſenter que les obſervations ſuivantes.

Neuvieme Expérience.

Nous avons voulu ſavoir ſi la Poudre de Carie non épuiſée, brûleroit de la même maniere que celle qui avoit été ſoumiſe aux infuſions, aux lavages ou aux décoctions ; nous y avons obſervé cette différence, que la premiere brûloit avec une flamme plus huileuſe, & avec une eſpece de ſcintillation, comme ſi elle eût contenu du nitre, tandis que les autres brûloient d'une maniere tranquille.

Dixieme Expérience.

Nous avons mis enſuite environ trois onces de Carie, dans un creuſet, que nous avons expoſé ſur des charbons ardens. Bientôt cette Poudre s'eſt ſenſiblement ramollie, s'eſt agglutinée, & a laiſſé échapper beaucoup de fumée, qui contenoit une très-grande quantité de gaz inflammable. Ainsi agglutinée, elle forme une espece de pelotte sur laquelle s'élevent des especes de mameletons, qui, en se crevassant, donnent issue à une vapeur ou fumée blanchâtre, qui en sort avec décrépitation. Cet effet a continué pendant assez long-temps, après que le creuset eût été ôté du feu, ce qui feroit croire qu'il seroit dû à une autre cause qu'à la chaleur. Lorsqu'il cesse, toute la masse ressemble à un morceau de charbon embrasé, qui brûle à la maniere du pyrophore, sans flamme & sur-tout sans odeur, & se convertit promptement en une cendre grise, qui, lavée à l'eau distillée, donne des signes légers d'alkalicité, puisque cette liqueur altere en verd le sirop de violettes; lorsqu'on jette dans cette lessive un peu de chaux, sur le champ l'odeur d'alkali volatil s'y développe.

Onzieme Expérience.

Nous avons traité de la même maniere de la Poudre de Carie épuisée par les infusions & les décoctions dans l'eau bouillante & l'esprit-de-vin; les phénomenes ont été abſolument les mêmes, avec cette différence ſeulement que la flamme étoit moins huileuſe & n'étoit point ſcintillante.

Le gaz inflammable non exploſible & qui brûle avec une flamme ſemblable à celle produite par les matieres huileuſes, eſt un des réſultats ordinaires de beaucoup de ſubſtances végétales ſoumiſes à la diſtillation; nous eſpérions voir une portion de ſel de Carie ſublimé au col de notre cornue, mais il y a lieu de croire qu'à ſur & à meſure que le phlegme paſſoit, il le diſſolvoit, puiſque nous l'y avons retrouvé, & que nous en avons opéré la décompoſition par l'alkali fixe ou la chaux, qui ſur le champ y ont manifeſté la préſence de l'alkali volatil.

Quoique nous ayons pouſſé le feu avec force, & que nous l'ayons continué longtemps pour la diſtillation, qu'enſuite nous en ayons ſuivi la calcination dans un creuſet, nous n'avons pu venir à bout de décompoſer entiérement ce ſel; & ce qui doit paroître encore plus ſingulier, c'eſt que la cendre de Carie brûlée, conſerve encore aſſez de ce ſel, pour que l'addition de la chaux en dégage encore de l'alkali volatil. Cette cendre étoit alkaline ; mais trop foiblement pour opérer la décomposition du sel de Carie.

Le ramollissement que la Poudre de Carie éprouve ou dans la cornue ou dans le creuset, est un effet qui lui est commun avec l'amidon, qui a cette propriété à un dégré bien plus considérable ; & sa conversion en une espece de pyrophore, est encore une preuve qu'elle conserve quelques-unes des propriétés de la farine, qui éprouve aussi une modification de cette espece, comme nous le verrons par la suite. Nous nous contenterons d'observer, pour le moment, que les phénomenes de la phosphorescence de la Carie, tendent à prouver que l'acide qu'elle contient, est dans un état bien différent, puisque dans sa calcination, elle présente des signes d'une réaction très-sensible, & une scintillation qui ne s'observent pas dans celle de l'amidon.

Corollaire.

Il suit, de tout ce que nous venons de voir, que la Carie, cette Poudre noire, contenue seule dans l'écorce du

Bled frappé de ce vice, qui, lorſqu'on l'écraſe, exhale une odeur de poiſſon pourri, ſe trouve diviſée par l'Analyſe en deux corps parfaitement diſtincts, dont l'un eſt un vrai ſel neutre, & l'autre paroît être une fécule dans l'état voiſin de la charbonification. Soit que ces deux principes ſe trouvent réunis, ſoit qu'ils ſoient ſéparés, l'air ne paroît avoir aucune action ſur eux ; c'eſt donc par cette raiſon qu'après nombre d'années, du Grain ou de la Paille infectés de ce vice, peuvent le tranſmettre aux Moiſſons.

Et d'abord, tout concourt à prouver que la partie féculeuſe du Bled a éprouvée, par la Carie, une altération qui lui fait perdre la plus part de ſes propriétés & la rapproche de l'état charbonneux.

En effet, lorſqu'on torrefie de l'amidon, pour en former les Poudres rouſſes, pour l'uſage de la Toilette, on lui fait perdre par-là la propriété de former colle dans l'eau bouillante ; & il acquiert celle d'attirer puiſſamment l'humidité de l'air, & de ſe réſoudre en un corps poiſſeux, ce qui devroit le faire proſcrire, puiſque, par ce moyen, il a le défaut de former une craſſe qui adhere à la peau, & doit néceſſairement s'oppoſer à la tranſpiration. C'eſt ſans doute, pour cette raiſon, que ces Poudres engendrent tant de vermines chez les Perſonnes qui en font un uſage habituel.

La Poudre de Carie a donc éprouvé une altération qui lui donne quelque reſſemblance à l'amidon qui a été torréfié. On ſait que l'eau charbonifie les ſubſtances végétales, comme le feu : auſſi cette Poudre refuſe-t-elle abſolument de faire colle & de ſe diſſoudre dans l'eau bouillante, & conſerve toujours un état onctueux, qu'on doit attribuer à la propriété qu'elle a d'attirer une portion de l'humidité de l'atmoſphere. De même que toutes les ſubſtances végétales charbonifiées, elle donne pour produit de l'air inflammable, un phlegme ſalin & une huile empireumatique. Comme elle, elle donne une flamme huileuſe, & ſe réſout en une cendre alkaline.

Quant au ſel de Carie, tout concourt à prouver qu'il eſt inſoluble dans l'eau & dans les menſtrues ſpiritueux; & ſi par une longue ſuite de décoction ou d'infuſion, il s'en laiſſe diſſoudre une petite partie, nous croyons qu'on ne doit l'attribuer qu'à ce qu'il se trouve dans cette Carie, une portion de matiere glutineuse, dont l'altération n'a point encore été portée assez loin, pour être entiérement converti en sel de Carie, & que cette portion sert d'intermede à cette dissolution; ce qui donne de la vraisemblance à cette conjecture, c'est que d'une part, ces décoctions ou infusions se putréfient promptement; que d'une autre part, on a bientôt épuisé une quantité donnée de Carie de tout ce qu'elle a de soluble; & qu'enfin dans cet état, lorsqu'on la traite par les réactifs propres à décomposer son sel, les signes de décomposition ne différent en rien de ceux de la Carie qui n'a point été soumise ou à ces infusions ou à ces décoctions. Il suit donc de-là que les pratiques de laver le Bled carié, sont au moins inutiles.

On ne peut révoquer en doute que ce sel de Carie ne soit un vrai sel neutre, résultant de deux principes, dont l'un est l'alkali volatil, & l'autre un acide de la nature de l'acide phosphorique. L'état gazeux où il se réduit, son odeur, sa tendance à se combiner avec l'acide marin, la conversion du cuivre en malachite, voilà, sans doute, des caracteres suffisans pour démontrer que l'un de ces principes est l'alkali volatil. Les preuves qui nous ont fait assurer que l'autre étoit de la nature de l'acide phosphorique, ne sont pas moins évidentes. En effet, tous les sels qu'il a formés avec les alkalis, étoient déliquescens; tous les acides, à l'exception de l'acide phosphorique & saccarin, ont eu une action sensible sur lui; & il a résisté dans les vaisseaux clos, à l'action du feu le plus violent, sans être ni sublimé ni décomposé; mais exposé au feu, à l'air libre & en contact avec une substance charbonneuse, il a donné des signes non équivoques de phosphorescence.

Ce sel de Carie n'a-t-il été que dissout dans les différens acides avec lesquels nous l'avons traité, ou a-t-il formé avec eux des sels surcomposés ? Nous aurions bien désiré pouvoir répondre à cette question; mais ce travail, étranger à la matiere que nous traitons, nous auroit mené trop loin; il nous suffira d'observer ici que, quoique la plupart de ces agens, ainsi que les alkalis, sur-tout lorſqu'ils ont été cauſtifiés, ſoient propres à décompoſer la Carie; jamais ils ne pourront devenir des moyens praticables pour combattre ce fléau, & nous croyons avoir ſuffiſamment démontré, tant par l'analyſe que par les exemple que nous avons rapportés dans le Chapitre précédent, que la chaux eſt le moyen le plus efficace & le moins diſpendieux, pour opérer un bien auſſi inappréciable.

CHAPITRE III.

Examen de la Farine de Froment.

SI nous voulions ſoumettre la Farine de Froment aux mêmes moyens analytique que la Poudre de Carie, il en réſulteroit une ſuite d'expériences qui ne jetteroient aucun jour ſur l'objet que nous nous propoſons d'éclaircir. D'une autre part, tous les Ouvrages ſur l'Art de la Boulangerie, & tous les Traités complets de Chimie, indiquent ſuffiſamment comment on doit s'y prendre pour obtenir de la farine, ces différens principes, savoir, sa substance glutineuse, sa fécule, connue sous le nom d'amidon, son sel sucré constamment associé avec une matiere extractive. Ainsi, ce travail seroit au moins inutile.

D'après ce que nous avons vu dans la section précédente, on ne peut plus douter que ces principes n'aient été les uns détruits, les autres considérablement altérés dans les Grains qui ont été frappés de Carie. Pour reconnoître le genre d'altération que tel de ces principes a subi, & la destruction entiere, ou au moins les nouvelles modifications par lesquelles les autres ont passé, nous croyons devoir traiter séparément de chacun d'eux, en nous bornant à rapporter succinctement ce qu'ils ont fourni aux Chimistes qui les ont examinés avant nous; en notant les observations nouvelles que ce travail nous a mis à portée de faire, & nous terminerons cette section, en rendant compte des produits que la farine nous a fournis dans son analyse à feu nud; peut-être résultera-t-il de la comparaison de ces produits avec ceux que nous a fournis la Carie, qu'on ſera obligé d'avouer que ce ſeroit à tort qu'on voudroit bannir abſolument de la Chimie ce moyen analytique, ſous le prétexte faux qu'il altere & dénature abſolument tous les produits, & que c'eſt mal-à-propos qu'on prétend qu'il les ramene tous au même point, quelques ſoient les ſubſtances végétales qu'on y ſoumet, & quelque ſoit l'état où elles ſe trouvent.

§. I.

De la Subſtance Glutineuſe.

Le Gluten, cette ſubſtance ſinguliere, qui à tant d'égard ſe rapproche des matieres animaliſées qui exiſtent dans toutes les ſubſtances végétales, mais dans des quantités, des rapports & des modifications preſqu'auſſi multipliés qu'il y a de plantes, ſe trouve dans toute ſa perfection, & plus abondamment dans le Bled que dans toutes les autres Graines. Tant qu'il n'eſt point ſéparé de la farine, ſon avidité à s'emparer de l'eau, la moleſſe, la flexibilité, la ténacité & & l'élaſticité qu'il acquiert, lui font communiquer au pain cette légéreté, ce goût agréable & sa vertu nutritive, qui lui assureront toujours la préférence sur tous les autres alimens.

Abandonnée à elle-même, elle passe promptement & immédiatement à la putréfaction. Il ne faut pas qu'elle soit réunie en masse pour éprouver cette altération : disséminée dans la farine, qu'on a l'imprudence de laisser dans des endroits humides, elle se corrompt, lui communique un goût & une mauvaise odeur, & la met hors d'état de former un pain agréable & salubre.

Cette substance peut se conserver très-long-temps dans l'eau froide, sans éprouver aucune altération, si on a l'attention de la tenir toujours surnagée par une suffisante quantité d'eau, pour que l'air n'ait aucune action sur elle, & si de temps en temps on change cette eau, dans laquelle elle n'est pas dissoluble. L'eau bouillante ne lui fait éprouver d'autre altération qu'un dégré de cuisson, pendant lequel il se dégage une très-grande quantité de fluide aériforme, qui, par son dégagement, la crible d'une infinité de loges dans tous les sens, qui lui donne l'aspect d'une éponge, & qui la prive de son élasticité.

Premiere Expérience.

Le fluide aériforme, retiré du Gluten pendant sa décoction dans l'eau bouillante, s'est trouvé être du gaz méphitique.

Seconde Expérience.

L'acide vitriolique, versé sur cette substance, la dissout, acquiert une couleur violette foncée & prend une consistance syrupeuse; la réaction est insensible, & on n'observe point d'émanation d'acide sulphureux volatil. Cet acide ne perd aucune de ses propriétés; il fait effervescence avec les alkalis, altere en rouge les couleurs bleues des végétaux, &c. Lorsqu'on l'étend dans de l'eau distillée, il laisse déposer le Gluten, sous la forme d'un précipité incohérent & mou, de couleur blanchâtre: alors la liqueur qui a perdu sa couleur violette, n'en conserve plus qu'une légérement ambrée, qui, lorsqu'on y ajoute de l'alkali fixe, laisse encore déposer une nouvelle quantité d'un précipité semblable au premier.

Troisieme Expérience.

Cette même substance est dissoute, avec une réaction très-sensible, par l'acide nitreux, & pendant le temps de cette réaction, il s'en dégage du gaz nitreux. Par l'évaporation, on obtient de cette dissolution du véritable acide saccarin.

Nous n'avons pas cru devoir soumettre cette matiere à l'examen des autres acides; nous nous sommes bornés à l'examiner par les alkalis.

Quatrieme Expérience.

L'alkali fixe n'a aucune action sur la matiere glutineuse, mais l'alkali caustique la met dans un état de ramollissement, qui l'a fait ressembler, tant pour la consistance que pour la visquosité, à la térébentine. Pendant la réaction de cet alkali sur cette substance, il s'en dégage une assez grande quantité d'alkali volatil.

Cinquieme Expérience.

La chaux éteinte a aussi une action

très-ſenſible ſur le Gluten qu'elle déſſéche & racornit en en dégageant de l'alkali volatil.

Sixieme Expérienc e.

Cette ſubſtance glutineuſe, expoſée ſur le feu, ſe bourſoufle, ſe feuillete, répand une odeur & acquiert un goût de viande rôtie, & devient très-friable. Si on augmente le dégré de chaleur, elle rend beaucoup de fumée & finit par s'enflammer.

Septieme Expérience.

Diſtillée dans notre appareil, elle nous fournit, pour produit aériforme, une petite portion de gaz méphitique, enſuite du gaz inflammable, un phlegme alkali volatil, dont une portion reſte en expanſion, & une huile empireumatique lourde; ſon charbon inciné a fourni de l'alkali fixe.

Ainſi, à bien des égards, le Gluten ſe rapproche des ſubſtances animales; comme elle, il n'éprouve que le dernier dégré de fermentation, & ſon produit eſt l'alkali volatil; on ne peut pas dire que

que cet alkali volatil y ſoit produit uniquement par la putréfaction; il y exiſte à l'état de combinaiſon, puiſque l'alkali cauſtique & la chaux l'en dégagent ſur le champ, quelque récent qu'il ſoit; il ſe comporte auſſi, lorſqu'on l'expoſe au feu, abſolument comme les ſubſtances animales, il y prend le même goût & il y acquiert la même odeur. Dans l'acide nitreux, il fournit de l'acide ſaccarin; mais cet acide ſe trouve auſſi dans les ſubſtances animales, auſſi bien que dans les ſubſtances végétales, puiſque la laine, les cheveux, la ſoie, &c. en fourniſſent auſſi abondamment que le ſucre, la gomme, l'amidon, &c.

Il ne faut pas croire que la couleur violette qu'elle communique à l'acide vitriolique, ſoit l'effet de ſa charbonification; ce qui prouve que cet acide n'a point été phlogiſtiqué dans cette opération, c'eſt que d'une part il n'a point acquis l'odeur d'acide ſulphureux, & que d'un autre côté, lorſqu'on a affoibli ſa vertu diſſolvante par l'addition de l'eau, ſur le champ il a ceſſé d'être coloré, & que le précipité n'a rien perdu de ſa blancheur.

§. II.

De la Fécule ou de l'Amidon.

Quoique nous ayons regardé la matiere glutineuse, comme la partie nutritive par excellence, nous n'avons point entendu contester cette propriété à la partie féculeuse du Bled, qui est le principe le plus abondant, & celui qui, par la fermentation, se modifie de maniere à acquérir des propriétés toutes différentes de celles qui la caractérisoient dans son premier état. Il ne faut pas croire que cette fécule soit propre uniquement au Bled; la nature l'a répandue abondamment dans une infinité d'autres végétaux.

Quand on presse l'amidon entre les doigts, on observe un cri qui lui est particulier, & il y imprime une sensation de froid sensible. Il peut rester très-long-temps exposé à l'air sans s'y déterriorer; & il n'en attire l'humidité, comme nous l'avons déja observé plus haut, qu'autant qu'il a subi un dégré de torréfaction. Il est absolument insoluble à froid dans tous les véhicules aqueux; & c'eſt cette propriété qui fournit un moyen facile de ſe le procurer & de l'extraire d'une multitude de Plantes. Mais lorſque l'eau eſt aidée de la chaleur, elle lui fait prendre promptement la conſiſtance & l'état gélatineux.

Si l'amidon n'éprouve, lorſqu'il eſt parfaitement ſec, aucune eſpece d'altération de la part de l'air, il n'en eſt point ainſi lorſque, dans ſa fabrication, on n'a point eu l'attention de le faire ſécher promptement, ou lorſqu'on la réduit en une eſpece de pâte, en y ajoutant de l'eau; car en très-peu de temps, il exhale une odeur acide, analogue à celle du ſucre, qui a été étendu dans une trop grande quantité d'eau, pour lui conſerver la conſiſtance ſyrupeuſe. Cette modification en acide, s'obſerve pareillement dans l'amidon qui a été réduit en Empois par ſa décoction dans l'eau; alors il perd la propriété de coller.

Si l'on verſe ſur cette ſubſtance de l'acide nitreux, la diſſolution s'en fait avec tous les ſignes d'une réaction très-vive, & il s'en dégage une très-grande quantité de gaz nitreux. La liqueur fournit, par le réfroidiſſement, des criſtaux d'acide ſaccarin.

Premiere Expérience.

Une demi-livre d'amidon, diſtillée à feu nud avec notre appareil ordinaire, nous a donné, pour premier produit & au dégré de chaleur moyen, environ ſix pouces cubes de fluide gazeux ; & il paſſoit, en même temps, dans le récipient, une liqueur ambrée.

Seconde Expérience.

Ces produits fractionnés ont été reconnus l'un pour être du gaz méphytique mêlé de Mofete, & l'autre un véritable acide.

Troiſieme Expérience.

Le feu pouſſé au plus haut dégré, nous a fourni encore un fluide gazeux, qui, par l'Expérience, s'eſt trouvé être du gaz inflammable; le matras contenoit une petite portion d'eau encore acide qui ſurnageoit une huile noire, dont l'odeur

& l'aſpect reſſembloient à toutes les huiles empireumatiques végétales.

Quatrieme Expérience.

Le réſidu charbonneux, exposé ſous la moufle d'un fourneau à vent, s'eſt réduit avec une extrême difficulté en une cendre, qui eſt reſtée encore très-noire après pluſieurs heures de calcination, & qui, par le lavage à l'eau diſtillée, n'a donné aucun ſigne d'alkalicité.

Cinquieme Expérience.

Nous avons déja obſervé dans la ſection précédente, que l'amidon torréfié, perdoit la propriété de faire colle dans l'eau bouillante, & qu'il acquéroit cette propriété ſinguliere d'attirer l'humidité de l'air au point de prendre une conſiſtance poiſſeuſe. Dans la torréfaction, l'amidon ſe comporte à la maniere du ſucre & du tartre; il ſe liquéfie, s'agglutine & exhale une fumée qui a l'odeur du caramel; enfin, il ſe réduit en un charbon noir, qui ne s'enflamme point, s'il n'a pas immédiatement le contact du feu, qui ſe laiſſe pénétrer par la chaleur, au point de rougir ſans ſe conſommer ſenſiblement, & ſans donner aucun ſigne de réaction ſemblable à celle que la Carie nous a préſentée, quand nous l'avons ſoumiſe à la même épreuve.

On ne ſauroit nier, d'après tous ces effets, que l'amidon ne ſoit une vraie ſubſtance ſaline, qui tient dans le Bled la même place que la gomme dans une infinité d'autres végétaux. De même que toutes les ſubſtances ſalines, ſoit que nous le conſidérions dans ſon état de ſiccité, ſoit que nous l'examinions lorſqu'on l'a réduit en colle avec de l'eau bouillante, ſi dans l'un ou l'autre de ces états on ne l'a point agité, toutes ſes parties prennent entr'elles un arrangement ſymmétrique, qui eſt toujours le même. Il eſt hors de doute maintenant que l'amidon, de quelque ſubſtance végétale qu'on le retire, ſoit abſolument le même. Pour obſerver plus particuliérement la forme des criſtaux qu'il affecte, lorſqu'il eſt à l'état de ſiccité, choiſiſſons celui qui eſt ſuſceptible d'une criſtalliſation plus parfaite, la fécule de pomme de terre. Les criſtaux de cette fécule, examinés à la loupe, ſont tranſparens, & affectent le même ordre que celui qu'on apperçoit dans toutes les autres fécules, qui ne différent de celles-là que par leur opacité. Toutes les fécules reduites en empois, lorſqu'on les laiſſe refroidir tranquillement, s'arrangent & forment des maſſes ſymmétriques, différentes cependant de celles de l'amidon ſec. Enfin, lorſqu'on a fait liquéfier l'amidon au dégré de chaleur inférieur à celui de l'eau bouillante, il ſe convertit en une maſſe tranſparente vitreuſe.

Cette ſubſtance ſaline réſulte de la combinaiſon de l'acide végétal avec une terre particuliere. Ce qui prouve la préſence de cet acide, c'eſt la propriété qu'on obſerve dans l'amidon humide de donner des ſignes d'acidité, de fournir par la diſtillation un phlegme acide, de ſe convertir en acide saccharin lorſqu'il eſt traité par l'acide nitreux; & enfin d'être, par l'action du feu, dégagé en partie de ſa combinaiſon, ſous la forme d'un acide ſuffoquant, comme le ſucre. Nous diſons qu'il n'eſt dégagé qu'en partie, car l'eſpece d'incombuſtibilité du charbon de l'amidon prouve que cet acide eſt intimement adhérent au principe terreux.

§. III.

Du Sel ſucré du Froment.

Cette matiere qui forme environ un ſeizieme de la farine, ne ſe trouve jamais pure; mais conſtamment aſſociée avec une ſubſtance gommo-extractive. L'union intime que ce principe ſucré a contractée avec cette matiere gommeuſe, eſt la ſeule cauſe qui fait différencier les unes des autres toutes les liqueurs ſpiritueuſes qu'on retire, ſoit des différens fruits, ſoit des différens gramens employés à faire les Vins, Cidres & Bieres. C'eſt ce principe ſucré, aſſocié à ſon mucilage, qui détermine dans ces liqueurs, ainſi que dans la pâte, le mouvement de fermentation qui les convertit en des boiſſons ou en un aliment agréable & ſalubre. L'eau qui a ſervie à laver la Farine, pour en ſéparer le gluten & l'amidon, étant évaporée, prend une couleur jaune, tirant ſur le roux, devient viſqueuſe, collante, & acquiert une ſaveur légérement ſucrée; en l'évaporant juſqu'à ſiccité, on lui donne la consistance d'un extrait sec & cassant.

Premiere Expérience.

Cet extrait soumis à la distillation avec notre appareil ordinaire, nous a fourni pour premier produit, au dégré moyen de chaleur, 1°. du fluide élastique, qui s'est trouvé être du gaz méphitique; 2°. un phlegme manifestement acide: au second dégré de chaleur, & les vaisseaux presque rouges 3°. du gaz inflammable; 4°. une huile empireumatique lourde. Le charbon s'est inciné difficilement, & a fourni par sa lotion dans l'eau distillée, de l'alkali fixe.

D'après ces principes obtenus par la distillation, il n'est plus permis de douter que ce ne soit cet extrait sucré qui, en éprouvant dans la pâte le mouvement de fermentation spiritueuse pour sa partie sucrée & acessente pour sa partie extractive mucilagineuse, procure l'atténuation, & modifie différemment & le gluten & la fécule.

Quand la partie glutineuse a été altérée ou détruite par quelques unes des causes dont nous avons fait mention précédemment, ce mouvement de fermentation se fait tumultueusement, & cette cause, jointe à l'absence d'un principe essentiel à la panification, fait qu'on n'obtient alors qu'un aliment désagréable à la vue & au goût, & d'un insalubrité plus ou moins grande.

§. IV.

Analyse de la Farine de Froment à feu nud.

La Farine dont nous nous sommes servie pour cette expérience, avoit été passée à travers le tamis de soie le plus fin, pour la débarrasser entiérement du son. Nous en avons mis une demi-livre dans une cornue de verre bien lutée, & dont le bec répondoit au même appareil dont nous nous sommes servi pour la Carie.

Premiere Expérience.

Nous eumes soin de graduer la chaleur; dès le second dégré, il s'est dégagé une aſſez grande quantité de fluide aériforme, & en même temps il tomboit goutte à goutte dans le matras un phlegme légérement ambré, qui ſur la fin prit une couleur plus intenſe.

Seconde Expérience.

Lorſque ces produits ceſſerent de paſſer, nous changeâmes les vaiſſeaux avant d'augmenter le feu, & après les avoir bien lutés, nous avons donné un dégré de chaleur ſuffiſant pour faire rougir la cornue. Il ſe dégageat une nouvelle quantité de fluide gazeux & de phlegme fort coloré, enſuite il paſſa goutte à goutte dans le récipient, une huile noire peſante, qui étoit ſurnagée par ce phlegme.

Le fluide aériforme avoit ceſſé de ſe dégager avant que l'huile noire ait commencé à paſſer, & quoique l'opération ait durée plus d'une heure, quoique nous ayons augmenté le feu juſqu'à faire déformer la cornue, nous n'avons plus remarqué aucun dégagement de fluide élaſtique.

Troisieme Expérience.

Le fluide élastique obtenu le premier, & dont le volume pouvoit être environ de douze pouces cubes, étoit un mélange d'air fixe & de gaz mofétique; car il éteignoit sur le champ une bougie qu'on y plongeoit, & se laissoit absorber environ à moitié par l'eau de chaux qu'il précipitoit; & ce qui restoit après ces lotions, nuisoit également à la combustion, & donnoit à l'eudrometre tous les caracteres de la mofete.

Quatrieme Expérience.

Passant ensuite à l'examen du second récipient pneumato-chimique, nous y avons trouvé environ six pouces cubes de gaz inflammable, dont la flamme étoit moins blanche que celle du même gaz obtenu de la Carie.

Cinquieme Expérience.

Le phlegme contenu dans le premier récipient, avoit une forte odeur empireumatique; ni la chaux ni l'acide marin n'y manifesterent point la présence de l'alkali volatil, au contraire, il altera en rouge la teinture bleue de tournesole, & donna des signes sensibles d'effervescence, lorsqu'on y ajouta de l'alkali fixe; d'ailleurs au goût on ne pouvoit y méconnoître la présence d'un acide.

Sixieme Expérience.

La liqueur qui surnageoit l'huile noire dans le second récipient, qui étoit peu abondante & peu colorée, différoit beaucoup du premier phlegme; elle altéroit en verd le syrop de violettes, précipitoit le cuivre en malachite, exhaloit une odeur sensible d'alkali volatil. L'addition de la chaux dans cette liqueur ne paroissoit pas augmenter le dégagement de ce produit.

L'atmosphere du ballon étoit aussi alkalin, puisque le syrop de violettes s'y altéroit en verd, & que l'acide marin y donnoit des signes non équivoques de combinaison.

♣

Septieme Expérience.

L'huile noire avoit auſſi une très-forte odeur empireumatique, mais cette odeur différoit de celle qu'exhaloit celle produite par la Carie en ce que cette derniere approchoit de l'odeur de l'huile de corne de cerf rectifiée, tandis que l'autre ne différoit pas de celle de toutes les ſubſtances végétales.

Huitieme Expérience.

Le caput mortuum étoit noir & très-luiſant. Il avoit l'aſpect de tous les charbons des végétaux, & ſon incinération s'eſt faite avec la même facilité. Ses cendres lavées ont donné de l'alkali fixe.

Par cette analyſe, nous obtenons donc de la farine, 1°. un acide végétal empireumatique; 2°. une portion d'air fixe; 3°. une portion de mofete; 4°. du gaz inflammable; 5°. une huile lourde empireumatique; 6°. un phlegme contenant de l'alkali volatil à nud; 7°. enfin, un charbon ſemblable à celui de tous les végétaux dont la cendre nous fournit de l'alkali fixe.

CHAPITRE IV.

Comparaiſon de la Poudre de Carie avec la Farine de Froment, & des produits obtenus de ces deux ſubſtances par leurs analyſes.

SI nous comparons la Poudre de Carie avec la Farine de Froment, nous trouvons au premier aſpect que la premiere a une couleur noire, ſombre, une odeur déſagréable & qui lui eſt propre, un goût rebutant, qu'elle eſt graſſe au toucher, tandis que la ſeconde eſt d'un blanc jaunâtre, a une odeur & une ſaveur douces, qu'elle eſt fraîche au toucher, & qu'elle ne poiſſe pas les doigts. Si la Carie ne s'altere point à l'air, c'eſt qu'elle n'a plus rien à perdre, & il eſt reconnu que les altérations qu'y éprouve la Farine, ne ſont dues qu'au peu de ſoin qu'on prend pour ſa conſervation, & deviennent une preuve qu'elle contient tous les principes qui nous la rende précieuſe.

Ces différences qui s'obſervent au premier aſpect dans la Carie & dans la Farine, ſont également ſenſibles dans les principes qu'on retire de l'un ou de l'autre par l'analyſe la plus ſimple. En effet, lorſqu'on lave de la Carie, l'eau qui a ſervi à ces lotions, ne contient qu'une très-petite quantité de principe extractif, qui paſſe promptement & immédiatement à la putréfaction, & la fécule qui ſe précipite au fond, n'offre qu'une eſpece d'agglutination informe, qui conſerve en partie ſon onctuoſité & ſa mauvaiſe odeur, tandis qu'en ſuivant le même procédé ſur la Farine, on obtient, 1°. une ſubſtance élaſtique, qui, par une infinité de rapports, ſe rapproche des ſubſtances animales; 2°. un précipité féculeux, de la plus grande blancheur, dont toutes les parties affectent une forme ſymmétrique, qui ſéché, n'adhere point aux doigts; 3°. une ſubſtance extractive ſucrée, qui, avant de ſe putréfier, paſſe par les deux premiers dégrés de fermentation. Soit que nous prenions la Farine réuniſſant ces trois principes, ſoit que nous nous bornions à ſa partie féculeuſe, l'eau bouillante les réduira en colle

colle & en empois, tandis qu'elle ne communiquera à la Poudre de Carie qu'un ramolissement momentané, & que dès l'instant qu'on l'aura rétiré du feu, l'eau ne différera en rien de celle qu'on avoit employée pour son lavage. Ainsi, l'altération de la Farine, dans le Bled carié, y détermine ces premieres différences, qui deviendront encore plus sensible par la comparaison que nous allons faire des produits que l'Analyse chimique nous aura fait trouver, tant dans la Poudre de Carie que dans la toute Farine de Froment & dans chacun de ses produits.

Par tous les procédés que nous avons employés, nous n'avons pu obtenir de la Carie 1°. qu'un sel particulier, en part e soluble dans les menstrues aqueux, dissoluble en entier dans les acides, décomposable par les alkalis caustiques & non caustiques & la chaux humide, 2°. & un principe féculeux, réduit dans l'acte de la végétation par la voie humide, à l'état charbonneux. La même cause qui a ainsi modifié la fécule, a déterminé l'altération des principes glutineux & sucrés, & a donné naissance à ce sel, en qui résident les propriétés déſaſtreuſes de la Carie. Nous avons reconnu qu'il réſultoit de la combinaiſon de l'acide animal avec l'alkali volatil; mais nous avons fait voir que le gluten contenoit le ſecond de ces principes, puiſque la chaux ou l'alkali fixe l'y développe ſur le champ; & il eſt univerſellement reconnu que l'acide ſaccharin, qui eſt un des principes eſſentiels des mucilages ſucrés ainſi que du gluten, ſe convertit, avec la plus grande facilité, dans l'eſpece d'acide qui forme la ſeconde baſe de notre ſel de Carie: & d'ailleurs, quand nous avons traité la Carie par l'acide vitriolique, elle nous a fourni un ſel gélatineux, abſolument ſemblable à ceux qui ont pour baſe l'acide phoſphorique, & qui brûlent à la maniere des ſubſtances animales. De même que preſque tous les ſels phoſphoriques, notre ſel de Carie n'a point été décompoſé, mais a été diſſous par les acides vitrioliques, marins & acéteux, auxquels il a enlevé leur propriété effervefcente, les a, en quelque façon, neutraliſé, en formant avec eux des ſels ſurcompoſés, que l'alkali fixe & la chaux décompoſent, en ſe ſubſtituant à la place de l'alkali volatil qu'ils dégagent. Cette chaux, de même que les alkalis, n'a pas besoin que le sel de Carie résulte de trois bases pour en opérer la décomposition. Qu'il existe dans les eaux qui ont servies pour laver la Carie, ou qu'il soit parfaitement sec & entrant comme principe constituant de cette Poudre, ces agens, mais spécialement la chaux humide, ont sur lui une action si déterminée, qu'on doit les regarder, sinon comme les uniques, du moins comme les principaux moyens de le détruire, puisque, dans toutes les circonstances, ils le décomposent, & dégagent l'alkali volatil, qui, dans ce sel, présente toujours, soit qu'il soit simple, soit qu'il soit surcomposé, une odeur particuliere, que lui communique sans doute une portion d'une matiere huileuse, qui donne à la Carie cette onctuosité qui lui est propre.

Maintenant, de quelque maniere que nous analysions la Farine, ou chacun de ses trois principes, elle ne nous fournit aucun sel semblable à celui de la Carie. Traitée par l'acide nitreux, lorsqu'elle est entiere ou que chacun de ses principes sont séparés, elle nous donne bien, il eſt vrai, un ſel ſemblable à celui que nous obtenons par le même moyen de la décompoſition de la Carie, mais cet acide ſaccharin, que nous avons ici pour dernier produit, s'obtient de toutes les ſubſtances végétales & animales; & il eſt fourni dans notre Carie, tant par une portion de gluten, dont l'altération lui a donné naiſſance, que par notre fécule.

Dans l'acide vitriolique, ni la Farine, ni l'amidon, ni le mucilage ſucré, ni même le gluten, ne nous fourniſſent point de ſel phoſphorique; ces trois premieres ſubſtances ne font que le phogiſtiquer, en s'y charbonifiant; & la derniere s'y laiſſe diſſoudre, en lui communiquant une couleur violette foncée, qu'on ne peut point attribuer à ſa décompoſition, puiſque l'addition de l'eau ſeule la précipite ſous ſa couleur ordinaire.

La réaction de l'alkali cauſtique & de la chaux ſur le gluten, quoique produiſant de l'alkali volatil, ne peut pas être comparée à celle de ces mêmes agens ſur la Poudre de Carie, puiſqu'ici l'alkali volatil n'a point d'odeur particuliere; que d'ailleurs dans le gluten, après ſa calcination, aucuns moyens ne peuvent y rappeller l'odeur d'alkali volatil, tandis que dans la Carie calcinée, ce dégagement continue d'avoir lieu.

On ne regardera pas non plus comme étant de la même nature que le sel de Carie, ou du moins s'en rapprochant, les sels essentiels qu'on obtient par l'évaporation de l'eau qui a servie à séparer de la Farine sa partie glutineuse d'avec sa fécule.

Puisqu'il est constant maintenant que dans la Poudre de Carie, ni la partie glutineuse ni la partie sucrée ne se trouvent plus, que d'ailleurs cette Poudre conserve encore, & seulement à quelques dégrés, quelques unes des propriétés des fécules, nous allons comparer les produits qu'elle nous a fournis, avec ceux de l'amidon. On se rappelle que tant qu'elle n'a point été dépouillée de son sel, chaque fois qu'on y ajoute de la chaux humide ou de l'alkali fixe caustique, sur le champ il s'en exhale de l'alkali volatil. Ni l'un ni l'autre de ces agens, appliqués à l'amidon & au principe extractif sucré, n'y opérent un pareil dégagement. Mais comme c'est de la Poudre de Carie épuisée que nous devons nous occuper ici, afin que notre comparaiſon ſoit plus exacte, nous obſerverons que, dans cet état, elle ne ſe comporte pas autrement dans l'eau bouillante que quand elle réunit tous ſes principes. Elle ſe rapproche dans ce cas de l'amidon qu'on a ſoumis à la torréfaction, qui, par-là, perd ſa diſſolubilité dans l'eau bouillante, devient poiſſeux, & ne peut plus contracter qu'une agglutination informe. Cette reſſemblance ſuffit, à ce qu'il nous ſemble, pour prouver que la partie féculeuſe dans la Carie, a paſſée à l'état charbonneux, avec une altération particuliere de ſes principes. Car dans la diſtillation à feu nud (ſi nous n'avons pas formé un paragraphe pour traiter de cette Analyſe, ce n'eſt uniquement que pour éviter les répétitions) l'huile que nous avons retirée de la Poudre de Carie épuiſée, étoit légere & avoit une odeur d'huile de corne de Cerf; tandis que l'huile fournie par l'amidon, étoit peſante & conſervoit l'odeur de toutes les huiles empireumatiques végétales. L'un & l'autre nous ont fourni du gaz méphytique; la Carie beaucoup moins que l'amidon: tous deux une aſſez grande quantité d'air inflammable; le Charbon de Carie étoit léger, s'est inciné facilement, a produit de l'alkali fixe, tandis que celui de l'amidon qui étoit plus lourd, ne s'est inciné qu'avec la plus grande peine, sans donner aucun signe d'alkalicité.

Cette différence est encore bien plus sensible dans les produits obtenus par les mêmes moyens de la Carie non épuisée & de la toute farine. En effet, la la premiere ne nous a fourni que du gaz inflammable, qui brûle à la maniere des huiles; la seconde nous a donné du même gaz, mais dont la flamme étoit beaucoup moins huileuse; & avant ce produit aériforme, nous avions obtenu une assez grande quantité d'air fixe & de mofete. L'atmosphere du ballon qui servoit pour l'analyse de la Carie, n'étoit point alkalin; le phlegme qu'il contenoit, avoit une forte odeur de Carie, & l'addition de la chaux & de l'alkali fixe en dégageoit de l'alkali volatil; celui qui recevoit le produit de l'analyse de la Farine, donnoit dans son atmosphere tous les signes du gaz alkalin, & le phlegme qui, dans les premiers temps de la distillation étoit acide, contenoit, vers la fin de l'opération, de l'alkali volatil à nud. L'huile de la Carie légere, ayant une odeur animale, differe de celle de la Farine qui est pésante, & conserve l'odeur des huiles empireumatiques végétales; la Carie non épuisée brûle d'une maniere bien différente de la Farine : sa combustion s'exécute d'une maniere égale & continue : sa flamme est huileuse accompagnée de sintillation & des phénomenes de la phosphorescence : la Farine, au contraire, brûle avec peine, sa flamme est d'un rouge sombre, & sa combustion n'offre rien de particulier. La seule différence qu'on remarque dans la combustion de la Carie épuisée, c'est qu'elle ne donne plus aucun signe phosphorique, tandis que l'amidon brûle toujours avec peine, & sa flamme est légere & peut être comparée à celle du gaz inflammable, obtenu du fer par l'acide vitriolique.

Si la Farine fournit par sa distillation de l'alkali volatil à nud, ce produit ne peut être que le résultat de la décomposition de la matiere glutineuse, & il s'obtient dans cet état de toutes les substances végétales qui contiennent du gluten, toutes les fois qu'on a l'attention de séparer les produits à mesure qu'ils passent, pour les empêcher de se combiner avec le principe acide, que la plupart des végétaux fournissent d'abord quand on les distille. Le Bled carié ne fournit par le même moyen que des produits analogues aux substances animales, parce que la Carie, en le frappant, ne se borne pas à la destruction d'un de ses principes, mais qu'elle altere les deux autres de maniere à les rendre presque méconnoissables. Pour nous résumer en peu de mots, on ne sauroit se trop presser d'opposer à ce fléau les moyens les plus efficaces pour le détruire. Nous avons fait voir au commencement de cet Ouvrage, que la plupart des recettes anciennes n'avoient de valeur qu'autant qu'elles contenoient une plus grande quantité de chaux. Nous pensons que certaines substances salines, tels que l'arsenic, le verd de gris &c. qui y figuroient, doivent en être bannies, non pas parce qu'elles sont absolument sans action sur la Carie, mais parce qu'il en est de nuisibles par elles-mêmes, qui passent sans altération, & peuvent parlà occasionner une suite de malheurs affreux, en reſtant tout entier dans les végétaux dans leſquels ils ont été dépoſés par la végétation. Car ce n'eſt plus aujourd'hui un problême de ſavoir pourquoi telle plante qui croît ſur des vieux débris ou dans des endroits où il ſe trouve des ſubſtances végétales & animales en putréfaction, contiennent une très-grande quantité de nitre, tandis que la même plante, dans un autre terrein, n'en contient pas un atome.

Tout doit donc concourir à diſſuader les Cultivateurs d'employer pour la préparation de leur Grain, d'autre moyen que la Recette publiée derniérement par le Gouvernement, qui n'eſt autre choſe que l'alſkali cauſtique, dont nous avons fait voir l'efficacité, lorſque nous en avons traité dans notre Analyſe, ou à ſuivre notre procédé, qui n'a d'autre mérite de plus que ce moyen, que d'être infiniment plus ſimple, beaucoup moins diſpendieux & au moins auſſi efficace. Nous ne regretterons point le temps que nous avons employé à ce travail, ſi accueilli par l'Agriculture, elle cherche à ſe procurer des ſuccès que nous oſons lui garentir.

F I N.

TABLE
DES MATIERES
Contenues dans ce Volume.

SECTION III.

CHAPITRE II.

Fin de la Table.

EXTRAIT DES REGISTRES

DE L'ACADÉMIE D'AMIENS.

MESSIEURS Sellier, d'Hervillez, Deu de Perthes & Devin des Ervilles, nommés par l'Academie, pour examiner un Ouvrage de M. Lapoſtolle, Membre de ladite Académie, ayant pour titre : *Traité de la Carie ou Bled noir, &c.* déſirant préſenter à l'Académie une idée de l'Ouvrage en queſtion, ont cru devoir entrer dans les détails ſuivans :

Ce Traité eſt diviſé en quatre parties. Dans la premiere, l'Auteur après avoir décrit les différentes maladies du bled, développe particuliérement les caracteres de la Carie, la maniere dont elle ſe propage, & indique le moyen de préſerver les Moiſſons de ce fléau deſtructeur : la ſeconde offre l'Analyſe chimique du Bled carié : & la troiſieme celle de la farine de Froment. M. Lapoſtolle compare, dans la quatrieme, les produits obtenus par ces deux Analyſes. Il nous a paru n'avoir négligé aucun des moyens analytiques que pouvoient lui fournir les découvertes modernes ; pluſieurs phénomenes nouveaux, réſultans de ſes recherches, tendent non ſeulement à éclairer la Théorie du Gaz, mais encore à prouver que l'Analyſe par le feu peut, dans pluſieurs circonſtances, aider à démêler les principes conſtituans des corps. Mais le but principal & essentiel de cet Ouvrage, & que M. Lapostolle paroît avoir parfaitement atteint, est de démontrer que les Cultivateurs doivent employer la chaux, dans les proportions qu'il indique, comme le plus simple, le moins dispendieux & le plus efficace de tous les moyens connus & publiés jusqu'à présent pour garantir le Bled de la Carie. L'Auteur s'est livré à un examen approfondi de la nature de cette Maladie dangereureuse du Bled; & après de longues recherches & une foule d'Expériences répetées avec soin, il a cru reconnoître qu'elle résulte de deux principes distincts; savoir, 1°. d'un Sel neutre, composé d'alkali volatil modifié d'une maniere particuliere & d'un acide de la nature de l'acide phosphorique (ce Sel paroîtroit être le produit de la décomposition du gluten, du Sel essentiel sucré & de la matiere extractive); 2°. d'une fécule ramenée à l'état de charbon, pendant la durée de la végétation. Les bornes d'un Extrait ne permettent pas d'entrer dans de plus grands détails sur le mérite de cet Ouvrage, aussi utile qu'intéressant, & dans lequel l'Expérience vient continuellement à l'appui de la Théorie. Il est à désirer, sur-tout pour cette Province où la culture du Bled forme la base des richesses de nos Campagnes, que la publication de ce Traité détruise les anciens préjugés & fasse tomber dans l'oubli les palliatifs employés jusqu'à présent pour la destruction de la Carie. C'est pourquoi les Commissaires soussignés, ont jugé l'Ouvrage de M. Lapostolle, digne d'être imprimé, avec l'approbation & sous le Privilege de l'Académie. A Amiens, ce seize Novembre mil sept cent quatre-vingt-sept.

Signés SELLIER; D'HERVILLEZ, Médecin; DEU DE PERTHES; DEVIN DES ERVILLES.

Délivré conforme à l'Original, par moi soussigné Secrétaire perpétuel de l'Académie. A Amiens, ce vingt-sept Novembre mil sept cent quatre-vingt-sept.

GOSSART.

A Amiens, de l'Imprimerie de J. B. CARON l'aîné, Imprimeur du Roi & de l'Académie, Place de Périgord. 1787.

www.ingramcontent.com/pod-product-compliance
Ingram Content Group UK Ltd.
Pitfield, Milton Keynes, MK11 3LW, UK
UKHW021151260726
13994UKWH00001B/401